应用物理基础

APPLIED PHYSICS FOUNDATION

（2）

主　编　胡五生
副主编　李小平　李　勇
　　　　贾　超　刘　弯
　　　　袁文婷

河南大学出版社
·郑州·

图书在版编目(CIP)数据

应用物理基础(2)/胡五生主编. —郑州:河南大学出版社,2014.5(2018.7 重印)
ISBN 978-7-5649-1558-2

Ⅰ.①应…　Ⅱ.①胡…　Ⅲ.①应用物理学—高等职业教育—教材　Ⅳ.①059

中国版本图书馆 CIP 数据核字(2014)第 106852 号

责任编辑　李亚涛
责任校对　付会娟
封面设计　王四朋

出版发行　河南大学出版社
地址:郑州市郑东新区商务外环中华大厦 2401 号　　邮编:450046
电话:0371-86059712(高等教育出版分社)
0371-86059713(营销部)　　网址:www.hupress.com

排　版　郑州市今日文教印制有限公司
印　刷　开封智圣印务有限公司
版　次　2014 年 8 月第 1 版　　**印　次**　2018 年 7 月第 4 次印刷
开　本　890mm×1240mm　1/16　　**印　张**　8.5
字　数　196 千字　　**定　价**　21.00 元

前　言

《应用物理基础》是专门为五年制高职学生编写的一套物理教材。物理课是五年制高等职业教育理工科各专业必修的一门基础课。我们知道，课程建设是高等职业教育专业建设的重要组成部分，而课程建设离不开教材的开发、建设和推广应用。在本教材的开发和建设的过程中，我们充分考虑到五年制高职学生的学习基础和年龄特点，遵循“知识、素质与能力的有机结合”、“物理基础知识与专业需求的有机结合”的原则，以学生“自主学习”为目标，以“易教易学”为特色，对中学物理的教学内容进行适当的选择和编排，以达到“边学边练，当堂掌握”的课堂教学效果。

本教材的编写具有以下几个特点：

(1) 针对五年制高职学生的文化课基础普遍较薄弱这一特点，降低了编写的起点，将一些初中物理的基本概念和基础知识融入到本教材中，切实做到让学生在教学中感觉到“零起点”、“无障碍”，能够满足各种层次学生的需求。

(2) 叙述深入浅出、通俗易懂。为了降低难度，对物理概念和规律的引入，尽量避免复杂的推倒，同时也精简了一些偏难的、与专业需求联系不是很大的教学内容，注重基本概念、基本规律、基本方法，突出基础性和实用性，加强了对学生的自主学习能力、分析问题和解决问题能力的培养。

(3) 每一章后面都有一个“阅读园地”。这些内容一部分是对教材内容的适当加宽和加深，以拓宽学生的知识面和视野；另一部分是讲述了一些伟大的物理学家对自然科学卓越贡献和研究问题的思路和方法，以培养学生的物理精神、提高学生的科学文化素养。

(4) 每一小节的后面都有一个练习题，这些练习题是针对本节的重点和难点内容编排的，题量适中，难易结合，既有利于巩固学生对本节知识的理解，又有利于实现“边学边练，当堂掌握”的课堂教学效果。每一章后面还有一个复习题，有利于学生自主学习，自我检测。

本教材分两册，第(2)册内容包括静电场、恒定电流、磁场、电磁感应、交变电流、安全用电等内容，共6章。考虑到目前五年制高职学生的实际情况，本册内容的建议授课时数为90学时左右，供五年制高职二年级使用。

本教材由胡五生担任主编，各章节具体编写分工如下：李小平（第 1 章），李勇（河南质量工程职业学院）（第 2 章），贾超（第 3 章），胡五生（第 4 章），刘弯（第 5 章），袁文婷（第 6 章）。由胡五生担任策划和统稿等工作。

本教材在编写的过程中得到许多同行的指导和建议，并参阅了相关教材，在这里一并表示感谢。

由于编者水平有限，加之时间仓促，教材编写中难免有纰漏之处，真诚欢迎各位专家、学者和读者批评指正，以便修订时进一步完善。

编　者

2014 年 3 月

目　　录

第1章 静 电 场

人类有关电现象的记载可追溯到公元前6世纪，但直到19世纪人们发明了发电机和电动机，并实现了电能的远距离输送之后，电的应用才一天比一天广泛。进入20世纪以后，电的应用更是一日千里。当今社会的工农业生产、通信、国防、科学研究和日常生活已离不开电，可以说没有电就没有现代化。如果不了解电的性质和电现象的规律，一旦触犯了它，电就会给我们的生产、生活、甚至人身安全造成很大的危害，因此，现代社会的每一个人都要学习电的知识，特别是作为未来的高素质、高技能人才，更需要掌握较多的电学知识。

这一章我们学习与静电场有关的基本概念和规律，如电场强度、电势、电势差、电势能、电容器、电容、电荷守恒定律、库仑定律、用电场控制带电粒子的运动、静电技术等，这些知识是电磁学的基本理论，是学习电工学、电子学的基础。

§1.1 电荷及其守恒定律

电荷 我们知道，经过摩擦的钢笔杆、塑料尺能吸引碎纸片；用塑料梳子梳头，头发就会随着梳子飘起来……一个物体如果有了这种吸引轻小物体的性质，就说它带了**电荷**，简称带了电。物体是否带电，通常可用**验电器**来检验。带电的物体叫作**带电体**。

自然界有两种电荷，一种是正电荷(与用丝绸摩擦过的玻璃棒所带的电荷相同)，另一种是负电荷(与用毛皮摩擦过的橡胶棒所带的电荷相同)。这两种电荷相互作用的规律是：**同种电荷相互排斥，异种电荷相互吸引。**

能够使物体带电的方法有摩擦起电、感应起电、接触起电、光电效应等，我们先介绍摩擦起电，接触起电和感应起电在本章的后面会学习到。

现在我们知道，构成物质的原子本身就包括了带电粒子：带正电的质子和不带电的中子构成原子核，原子核外有带负电的电子。原子核的正电荷数量与电子的负电荷数量一样多，所以整个原子对外界较远的位置表现为电中性。原子核内部的质子和中子被强大的核力(来源于强相互作用)紧密地束缚在一起，所以原子核的结构一般是很稳定的。核外的电子靠质子的吸引力维系在原子核附近。通常离核较远的电子受到的束缚较弱，容易受到外界的作用而脱离原子，当两个物体相摩擦时一些被束缚得不紧的电子往往会从一个物体转移到另一物体，于是原来电中性的物体由于得到电子而带负电，失去电子的物体则带正电。这就是**摩擦起电**的原因。例如，用丝绸摩擦玻璃棒时，玻璃棒上有些电子跑到丝绸上了，玻璃棒因失去电子而带正电，丝绸因得到了多余的电子而带负电。

电荷守恒定律　带了等量的正、负电荷的两个物体相互接触之后，这两个物体就恢复成不带电的状态，这种现象叫**电的中和**。

物体的摩擦起电和电的中和，都是物体中的电荷发生了转移。大量事实表明，电荷既不会创生，也不会消灭，只能从一个物体转移到另一个物体，或者从物体的一部分转移到另一部分，在转移的过程中，电荷的总量保持不变。这个结论叫作**电荷守恒定律**。和能量守恒定律、动量守恒定律一样，电荷守恒定律也是自然界的一条基本规律。

例如，现在有两个完全一样的金属球 A 和 B，其中 A 球所带电荷量为 q，B 球不带电，现要让 A 球和 B 球接触后再分开，则 A 球和 B 球所带电荷量都为 $q/2$，符合电荷守恒定律。经过和带电的 A 球接触，原来不带电的 B 球也带了电，这就是接触起电。

电荷量　物体所带电荷的多少叫**电荷量**，简称**电荷**，常用 Q 或 q 表示。

正电荷的电荷量为正值，负电荷的电荷量为负值。电荷量的国际单位是**库仑**，简称库，用 C 表示。电荷量还有一个常用单位是元电荷。

元电荷　迄今为止，科学实验发现的最小电荷量就是电子所带电量。质子、正电子所带的电荷量与它相同，但符号相反。人们把这个最小的电荷量叫作元电荷，用 e 表示。它是最小的电荷量单位，不是指具体的带电体。

实验还指出，所有带电体所带电荷量都是元电荷 e 的整数倍。

元电荷的数值最早是美国物理学家密立根（1868～1953）测得的，在我们的计算中，元电荷 e 的值取为

$$1\ e=1.60\times10^{-19}\ \text{C}$$

练习一

1. 自然界有两种电荷，一种是__________，另一种是__________。这两种电荷相互作用的规律是____________________。

2. 用丝绸摩擦玻璃棒时，玻璃棒上有些电子跑到丝绸上了，玻璃棒因失去电子而带________电，丝绸因得到了多余的电子而带________电（填“正”或“负”）。

3. 电荷量的国际单位是________，用符号________表示。

4. 人们把____________________叫元电荷，用符号________表示。

5. 两个相同的金属小球，一个带的电荷量为 4.0×10^{-11} C，另一个带的电荷量为 -6.0×10^{-11} C，现让两球接触再分开各自所带的电荷量为__________。

6. 下列现象中，不属于摩擦起电的是（　　）。

　A. 在干燥的天气中脱毛衣时，会听到啪啪声

　B. 用塑料梳子梳干燥的头发，越梳越蓬松

　C. 吸尘器能够把地上的碎纸屑吸起来

　D. 用干燥的毛刷刷毛料衣服时，毛刷上吸附许多脏物

7. 用一带电体去靠近轻小物体时发现二者相互吸引，则轻小物体（　　）。

A. 一定带电　　B. 一定不带电

C. 可能带异种电荷，也可能不带电　　D. 以上说法都不对

8. 用毛皮摩擦橡胶棒，橡胶棒带了负电，这是由于（　　）。

A. 毛皮束缚电子的能力比较弱

B. 橡胶棒的正电荷转移到毛皮上

C. 摩擦过程中创造了负电荷

D. 橡胶棒上失去了电子

9. 关于元电荷，下列说法中不正确的是（　　）。

A. 元电荷实质上是指电子和质子本身

B. 所有带电体的电荷量一定等于元电荷的整数倍

C. 元电荷的值通常取作 $e=1.60\times10^{-19}$ C

D. 电荷量 e 的数值最早是由美国物理学家密立根用实验测得的

10. 把一个带正电的金属球 A 跟不带电的同样的金属球 B 相接触，然后分开，两球都带等量的正电荷，这是因为（　　）。

A. A 球的正电荷移到 B 球上

B. B 球的负电荷移到 A 球上

C. A 球的负电荷移到 B 球上

D. B 球的正电荷移到 A 球上

11. 验电器可以检验物体带电情况。实验室用的验电器如图1-1所示，绝缘的金属杆下端挂着两条金属箔（或导电性能好的薄纸），金属杆上端有个金属球。当带电物体接触金属球时，金属箔就张开，从金属箔张开的角度的大小，可以判断物体带的电荷是多还是少，试说明原因。

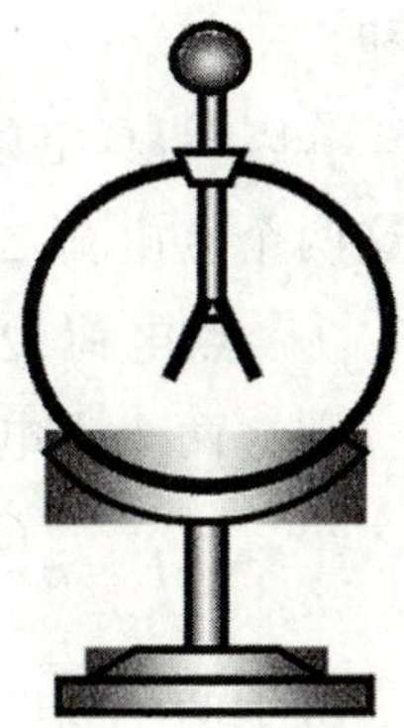

图 1-1　验电器

§1.2 库仑定律

点电荷　研究表明，两个带电体之间的相互作用与它们所带的电荷量、它们之间的距离、它们的形状和大小以及电荷分布情况有关，还与它们周围的介质有关。为了使问题简化，我们引入点电荷的概念。若带电体之间的距离比它们自身的大小大得多，以至于带电体的形状和大小以及电荷分布情况对它们之间作用力的影响已无关紧要，可以把这个带电体看作一个带电的点，这样的带电体称为点电荷。点电荷是突出主要因素，忽略次要因素，经过科学抽象的物理模型。

库仑定律　1785 年法国物理学家库仑在前人工作的基础上，通过多次实验总结出点

电荷间的作用规律：**真空中两个静止的点电荷之间的作用力，与它们的电荷量的乘积成正比，与它们的距离的二次方成反比，作用力的方向在它们的连线上。**用公式表示就是

$$F=k\frac{Q_1Q_2}{r^2}$$

这个规律叫作**库仑定律**。点电荷间这种作用力叫**静电力**或**库仑力**式子中的 k 是比例常数，叫作**静电力常量**在国际单位制中，$k=9\times10^9\ \mathrm{N\cdot m^2/C^2}$。

用该公式计算点电荷之间的静电力时，无论正负电荷，电荷量 Q_1、Q_2 在公式中均取正值，然后根据有关条件判断作用力的方向。

点电荷在空气中的相互作用，跟真空中的相互作用近似相同。

库仑定律的公式和万有引力的公式在形式上很相似，但仍是性质不同的两种力。在微观带电粒子的相互作用中，库仑力比万有引力强得多，所以在研究微观粒子的相互作用时，可以忽略万有引力。

如果存在两个以上点电荷，那么每个点电荷都要受到其他点电荷对它的作用力。实验表明：两个点电荷之间的作用力不因第三个点电荷的存在而有所改变。因此，两个或两个以上点电荷对某个点电荷的作用力，等于各个点电荷单独对这个点电荷的作用力的矢量和。

【例题】真空中两个点电荷相距 10 cm，电荷量分别是 4.0×10^{-9} C 和 -2.0×10^{-9} C。则这两个点电荷之间的静电力是多大？是引力还是斥力？

解：点电荷 $Q_1=4.0\times10^{-9}$ C，$Q_2=-2.0\times10^{-9}$ C，距离 $r=10$ cm $=0.1$ m，

则这两个点电荷之间的相互作用力

$$F=k\frac{Q_1Q_2}{r^2}=9.0\times10^9\times\frac{4.0\times10^{-9}\times2.0\times10^{-9}}{(0.1)^2}\ \mathrm{N}=7.2\times10^{-6}\ \mathrm{N}$$

由于两个点电荷是异种电荷，所以它们之间的静电力是引力。

练习二

1. 真空中有两个点电荷，它们之间的静电力的大小为 F。(1) 保持它们之间距离不变，一个点电荷的电荷量变为原来的 2 倍，则它们之间的作用力变为__________；(2) 如果保持它们的电荷量不变，将它们之间的距离增大为原来的 2 倍，它们之间的作用力变为__________。

2. 下列关于点电荷的说法，正确的是（ ）。

   A. 不论两个带电体多大，只要它们之间的距离远大于它们的大小，这两个带电体就都可以看作是点电荷

   B. 一个带电体只要它的体积很小，则在任何情况下，都可以看作是点电荷

   C. 一个体积很大的带电体，在任何情况下，都不能看作是点电荷

   D. 只有球形带电体，才可以看作是点电荷

3. 如图 1-2 所示，两个带电球，大球的电荷量大于小球的电荷量，可以肯定（ ）。

A. 两球都带正电

B. 两球都带负电

C. 大球受到的静电力大于小球受到的静电力

D. 两球受到的静电力大小相等

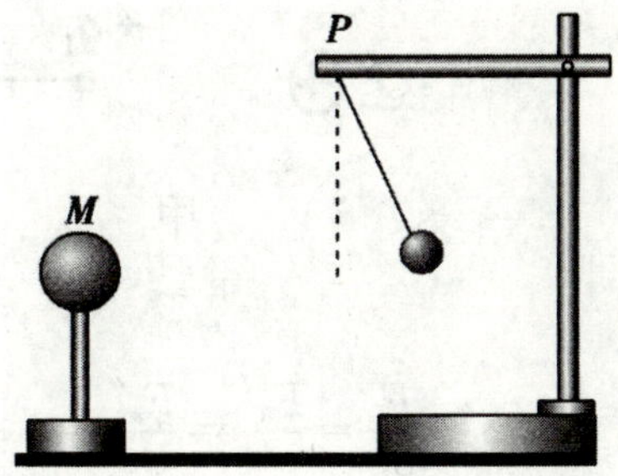

图 1-2

4. 原子核的半径大约是 10^{-15} m，假定核中两质子相距这么远，则它们之间的静电力有多大？是引力还是斥力？

5. 真空中两个相同的带等量异号电荷的金属小球 A 和 B（均可看做点电荷），分别固定在两处，两球间静电力为 F。现用一个不带电的同样金属小球 C 先与 A 接触，再与 B 接触，然后移开 C，此时 A、B 球间的静电力变为多大？

§1.3　电场和电场强度

电场　我们知道，两个带电体没有接触，就可以产生力的作用，这力是怎样从一个电荷作用到另一个电荷上的呢？

现代科学实验证明：电荷周围存在着一种特殊的物质，叫作电场。电荷间的相互作用是通过电场发生的。例如，电荷 A 和电荷 B 的相互作用，实际上是电荷 B 受到了电荷 A 的电场的作用，电荷 A 也受到了电荷 B 的电场的作用，这样，虽然两个带电体没有接触，但 AB 之间的相互作用却发生了。

电场对电荷的作用力叫作**电场力**。

电场这种特殊性物质虽然看不到、摸不着，但我们可以根据它的性质来感知它，认识它。

在本章中，我们只讨论静止电荷产生的电场，称为**静电场**。

电场强度　电场明显的特征之一是对场中其他电荷有电场力的作用。同一电荷在同一电场的不同位置，受到电场力的大小不同，表明电场中不同地方电场的强弱是不一样的。为了研究电场的强弱，可以在电场中放入一个电荷量为 q 的点电荷，它的电荷量很小，放入后不致于影响原来的电场，把它叫作**试探电荷**，或**检验电荷**。

如图 1-3 所示，我们先研究一个由正电荷产生的电场（这里的 Q 称为**场源电荷**，或**源电荷**）。把一个正的试探电荷 q_1 放在电场中的某一点，比如 a 点，它受到的电场力大小为 F_a（如图 1-3 甲所示）；如果把电荷量等于 2 倍 q_1 的试探电荷 q_2 放在电场中的 a 点，它受到的电场力 F_a' 是 q_1 受到电场力的 2 倍（如图 1-3 乙所示），即 $F_a'=2F_a$，以此类推：把 3 倍 q_1 的试探电荷 q_3 放在电场中的 a 点，它受到的电场力 F_a'' 是 q_1 受到电场力的 3 倍，即 $F_a''=3F_a$……这就是说，在电场中的同一点上（如 a 点），试探电荷受到的电场力与试探电荷的电荷量的比值是一个常数，即

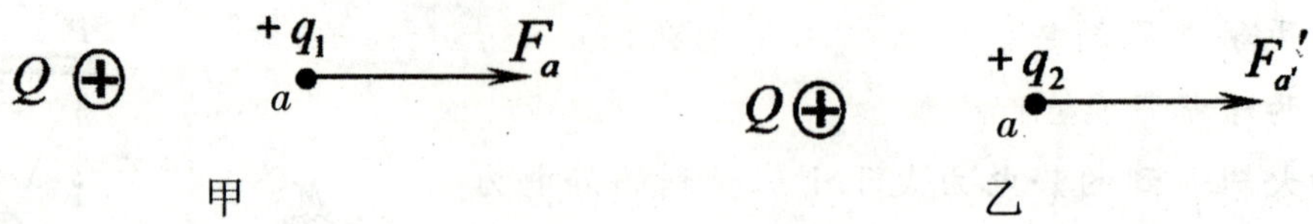

图 1-3 电场中某点的电场强度

$\frac{F_a}{q_1}=\frac{F_a{}'}{q_2}=\frac{F_a{}''}{q_3}=\cdots\cdots=$常数(这个常数与试探电荷的电荷量无关)

在电场中的不同点上,这个比值是不一样的,在离场源电荷近的点上,这个比值就大,试探电荷在这里受到的电场力也大,表明这里电场就强;在离场源电荷远的点上,这个比值就小,试探电荷在这里受到的电场力也小,表明这里电场就弱。所以这个比值就反映了电场的强弱。

放入电场中某点的试探电荷所受的电场力 F 跟试探电荷的电荷量 q 的比值,叫作该点的电场强度。用 E 表示电场强度,即

$$E=\frac{F}{q}$$

电场强度是矢量。在物理学中规定,电场中某点的电场强度的方向与正电荷在该点所受的静电力方向相同。按照这个规定,负电荷在电场中某点所受的静电力的方向与该点的电场强度的方向相反。

在国际单位制中,电场强度的单位是牛每库,符号是 N/C。

如果知道电场中某点的电场,那么任一点电荷(电荷量为 q)在该点受到的电场力是 $F=qE$。

点电荷的电场 点电荷是最简单的场源电荷。设一个点电荷的电荷量为 Q,与之相距为 r 的试探电荷的电荷量为 q,根据库仑定律,试探电荷所受的电场力为

$$F=k\frac{Qq}{r^2}$$

根据电场强度的定义,$E=\frac{F}{q}$,可求得点电荷 Q 在真空中某点的电场强度的大小为

$$E=k\frac{Q}{r^2}\text{(r 是电场中某点离场源电荷的距离)}$$

如果场源电荷 Q 是正电荷,那么电场中 P 点的电场强度 E 的方向是沿 QP 的连线背离 Q;如果场源电荷 Q 是负电荷,那么电场中 P 点的电场强度 E 的方向是沿 QP 的连线指向 Q,如图 1-4 所示。

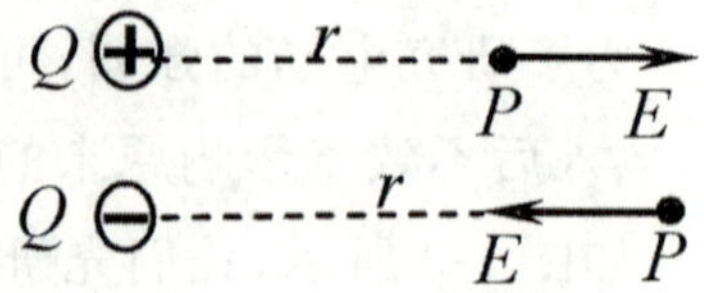

图 1-4 点电荷的电场中某点电场强度的方向

在几个点电荷共同形成的电场中,某一点 P 的电场强度是每一个点电荷在 P 点电场强度的矢量和。

电场线 为了形象地描述电场中各点电场强度的大小和方向，人们引入了电场线的概念。在电场中画出一系列带箭头的曲线，使曲线上任一点的切线方向都和该点的电场强度方向一致，这一系列曲线叫作**电场线**。图1-5就是某电场的一条电场线。

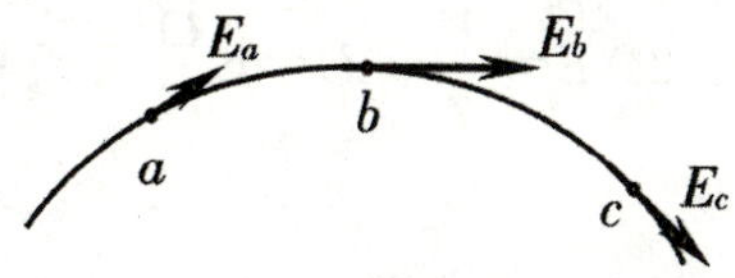

图 1-5 电场线

从图 1-6 和图 1-7 可以看出，电场线有以下几个特点：

(1) 电场线是假想出的线；

(2) 电场线从正电荷或无限远出发，终止于无限远或负电荷；

(3) 电场线在电场中不相交，这是因为在电场中任意一点的电场强度不可能有两个方向；

(4) 在同一幅图中，电场强度较大的地方电场线较密，电场强度较小的地方电场线较疏，因此在同一幅图中可以用电场线的疏密来比较各点电场强度的大小。

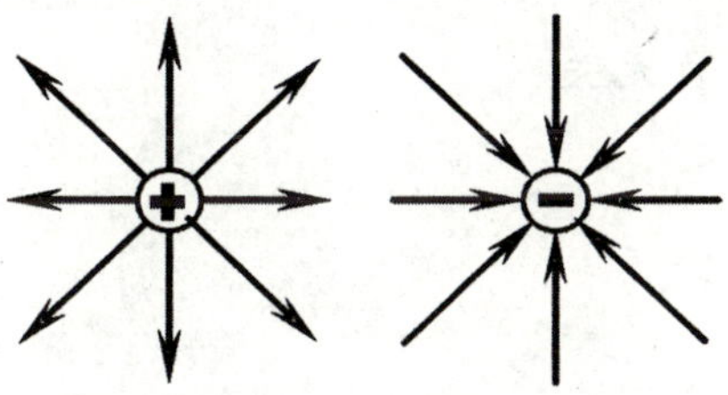
图 1-6 单个点电荷的电场线

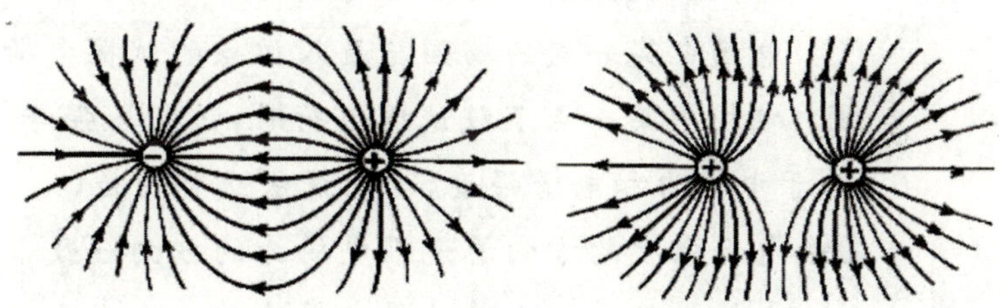
图 1-7 等量异号点电荷的电场线和等量同号点电荷的电场线

匀强电场 如果电场中各点电场强度大小相等、方向相同，这个电场就叫作**匀强电场**。由于电场强度方向相同，匀强电场中的电场线应该是平行的；又由于电场强度大小相等，匀强电场中的电场线应该是疏密均匀的。所以匀强电场的电场线是间隔相等的平行线。

带等量异号电荷的一对平行金属板，如果两板相距很近，它们之间的电场，除边缘部分外，可以看作匀强电场，如图 1-8 所示。在两板的外边几乎没有电场。

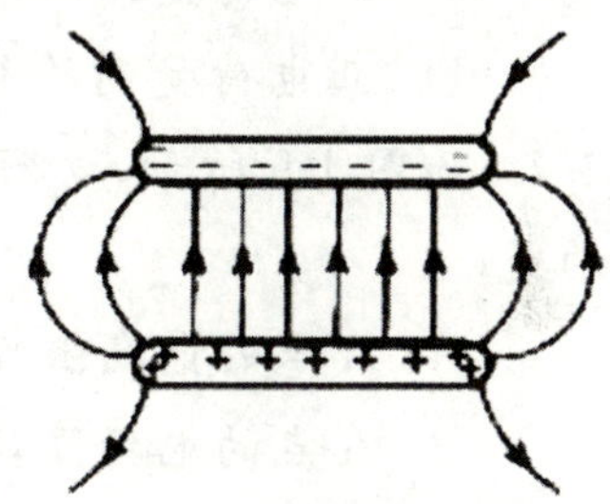
图 1-8 相距很近的一对带等量异号电荷

练习三

1. 在正电荷 Q 电场中的某一点，放一电量 q 为 -5×10^{-9} C 的点电荷，若点电荷受到的电场力大小为 3×10^{-4} N，方向水平向东，则该点的电场强度的大小是__________，该点的电场强度的方向是__________。如果取走 q，则该点的电场强度大小是__________。

2. 在电场 P 处，有一个 5.0×10^{-15} C 的点电荷，受到的电场力为 1.0×10^{-13} N，则此处电场强度 E=__________ N/C；若点电荷的电量变为 1.0×10^{-14} C，那么 P 点处的场强 E=__________ N/C，这个点电荷受到的静电力是__________ N。

3. $E=\dfrac{F}{q}$和$E=k\dfrac{Q}{r^2}$两式中，前者适用于__________电场，后者仅适用于__________电场。

4. 关于电场，下列说法正确的是(　　)。

A. 电场对放入其中的电荷有力的作用

B. 电场对放入其中的电荷没有力的作用

C. 电场是假想的，并不是客观存在的物质

D. 描述电场的电场线是客观存在的

5. 关于电场场强的概念，下列说法正确的是(　　)。

A. 由$E=\dfrac{F}{q}$可知，某电场的场强E与q成反比，与F成正比

B. 正负试探电荷在电场中同一点受到的电场力方向相反，所以某一点场强方向与放入试探电荷的正负有关

C. 电场中某一点的场强与放入该点的试探电荷正负无关

D. 电场中某一点不放试探电荷时，该点场强等于零

6. 关于电场力和电场强度，下列说法正确的是(　　)。

A. 电场强度的方向总是跟电场力的方向一致

B. 电场强度的大小总是跟电场力的大小成正比

C. 正电荷受到的电场力的方向跟电场强度的方向一致

D. 正电荷受到的电场力的方向跟电场强度的方向相反

7. 如图 1-9 所示，电场中某区域的电场线分布图，A是电场中的一点，下列判断中正确的是(　　)。

A. A点的电场强度方向向左

B. A点的电场强度方向向右

C. 负点电荷在A点受力向右

D. 正点电荷受力沿电场线方向减小

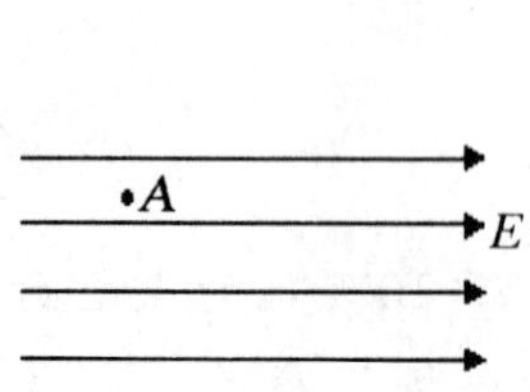

图 1-9

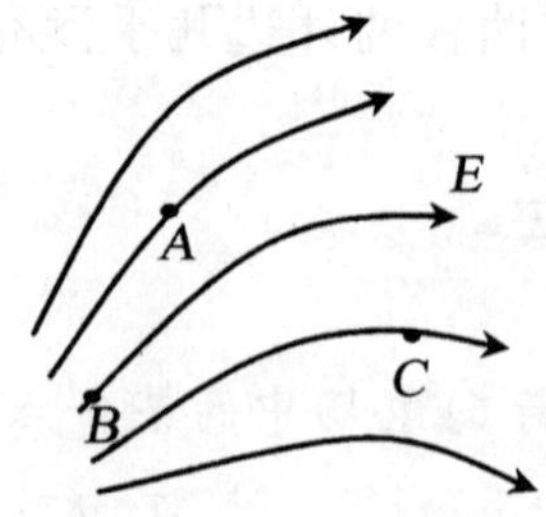

图 1-10

8. 图 1-10 是某区域的电场分布。A、B、C是电场中三个点。

(1) 哪一点电场最强，哪一点电场最弱？

(2) 画出各点电场强度的方向。

(3) 把负的点电荷分别放在这三点，画出所受静电力的方向。

9. 真空中有一点电荷Q，它的电荷量是6.6×10^{-8} C，求离它 10 cm 处的某一点电场

强度的大小。

10. 在空间某一区域,有一匀强电场,一质量为 m 的液滴,带正电荷,电量为 q,在此电场中恰能沿竖直方向做匀速直线运动,则此区域的电场强度的大小如何,方向指向哪里?

§1.4　电　势

静电力做功　电荷处在电场中会受到静电力的作用,那么电荷在电场中两点间移动时,静电力就会对电荷做功。

我们知道,电场线是不闭合的曲线,它起于正电荷,止于负电荷。如图 1-11 甲所示,当正电荷从 A 点移动到 B 点的过程中,所受静电力方向也是由 A 指向 B,所以静电力对该电荷做正功,即**正电荷顺着电场线方向运动时,静电力对电荷做正功。**这个结论可以推广到不在同一电场线上的两点,如图 1-11 乙所示的电场中,当正电荷从 A 点移动到 B 点的过程中,静电力也是做正功。

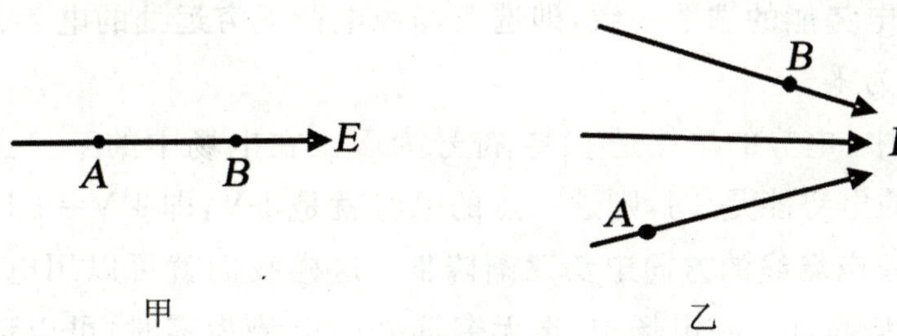

图 1-11　静电力对电荷做功

同理可得,**负电荷顺着电场线方向运动时,静电力对电荷做负功,即电荷要克服静电力做功。**

我们知道重力对物体做功与路径无关,只与物体的初、末位置有关,同样,静电力对电荷做功也与路径无关,只与电荷的起始位置和终止位置有关,这就是**静电力做功的特点。**

电势能　物体在地球的引力场中由于重力的作用具有重力势能;同样,电荷在电场中受静电力作用也具有势能,称为**电势能,**用 E_p 表示。

重力对物体做正功,物体的重力势能就减少,且重力势能的减少量等于重力做的功;重力对物体做负功,物体的重力势能就增加,且重力势能的增加量等于物体克服重力所做的功。与此类似,**当静电力对电荷做正功时,电荷的电势能就减少,**且电荷电势能的减少量等于静电力所做的功;**当静电力对电荷做负功时,电荷的电势能就增加,**且电荷电势能的增加量等于电荷克服静电力所做的功。

和重力势能一样,电势能也是标量。电势能是相对的,只有确定了零电势能的位置后,电荷在电场中某一位置的电势能才有确定的值。零电势能的位置可以任意选取,但在理论上取无穷远处或接地处的电势能为零。

电势　我们通过静电力的研究认识了电场强度，现在要通过电势能的研究来认识另一个物理量——电势，它和电场强度一样，都是表征电场性质的重要物理量。

根据前边比值定义物理量的方法，我们考察电荷在电场中的电势能与它的电荷量的比值，研究电势的概念。

在电场中任一位置 a，无论试探电荷的电荷量 q 如何变化，试探电荷在该点具有的电势能 E_{pa} 与它的电荷量的比值 $\frac{E_{pa}}{q}$ 总是一常量；在另一位置 b，比值 $\frac{E_{pb}}{q}$ 也是一常量。位置不同，该比值一般不同，但都与试探电荷无关，只由电场本身的性质决定。我们把这个比值称为电势，用它来描述电场。即**电荷在电场中某一点的电势能与它电荷量的比值，叫作这一点的电势。**如果用 φ 表示电势，则

$$\varphi=\frac{E_p}{q}$$

由于电荷的电势能 E_p 可能是正值，也可能是负值，所以应用这个公式时，试探电荷是正电荷，q 就取正，试探电荷是负电荷，q 就取负。

如果已知电场中某点的电势，也可以根据 $E_p=q\varphi$ 求出电荷在这一点的电势能。

电势也是相对量，只由先确定零电势的位置后，才能确定电场中其他各点的电势值。零电势的选取和零电势能的选取一致，即选离场源电荷无穷远处的电势为零，在实际应用中常选大地的电势为零。

在国际单位制中，电势的单位是**伏特**，符号为 V。在电场中的某一点，如果电荷量为 1 C 的电荷在这点的电势能是 1 J，则这一点的电势就是 1 V，即 1 V＝1 J/C。

可以证明：**沿着电场线的方向电势逐渐降低。**这样我们就可以用电场线来形象地比较电场中各点的电势高低。在电场中，选无穷远处的电势为零时，可以证明：在正电荷形成的电场中，各点电势都是正值，越靠近正电荷电势越高；在负电荷形成的电场中，各点电势都是负值，越靠近负电荷电势越低。

电势只有大小，没有方向，是个标量。

等势面　在地图中常用等高线来表示地势的高低。与此相似，在电场的图示中常用等势面来表示电势的高低。

电场中电势相等的各点构成的面叫作等势面。图 1-12 是点电荷的等势面，图1-13是匀强电场的等势面，每幅图中，任意两个相邻等势面间的电势之差都是相等的。如果任意两个相邻等势面间的电势之差都相等，那么等势面的疏密程度也可反映电场的相对强弱：等势面较密处电场较强，等势面较疏处电场较弱。与电场线的功能一样，等势面是从另外一个角度来形象地描述电场的性质的。

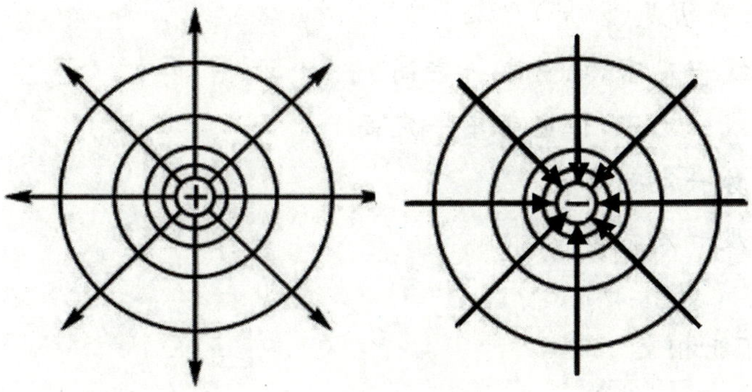

图 1-12　点电荷的等势面

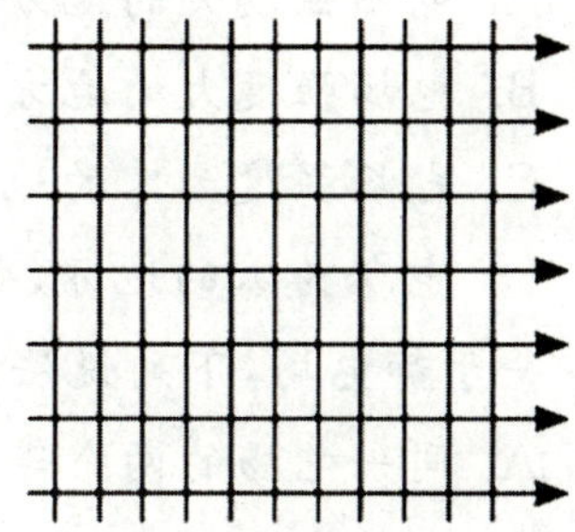

图 1-13　匀强电场的等势面

在同一等势面上，任意两点间电势都相等，所以在同一等势面上移动电荷时静电力不做功。由此可知，等势面一定与电场线垂直，即跟电场强度方向垂直。

所以电场线与等势面的关系是**电场线与等势面垂直，并且由电势高的等势面指向电势低的等势面。**

从图 1-12 中还可以看出电场强度的大小和电势的高低没有直接的联系。

练习四

1. 正电荷顺着电场线方向运动时，静电力对电荷做__________功；负电荷顺着电场线方向运动时，静电力对电荷做__________功（选填“正”或“负”）。

2. 当静电力对电荷做正功时，电荷的电势能__________；当静电力对电荷做负功时，电荷的电势能__________（选填“增加”或“减少”）。

3. 电荷在电场中某一点的电势能与它的电荷量的比值，叫作这一点的__________。如果用 φ 表示电势，用 E_p 表示电势能，用 q 表示试探电荷的电荷量，则电势的定义式是__________。在国际单位制中，电势的单位是__________，符号是__________。

4. 同一等势面上各点电势__________。电场线与等势面__________，并且由电势高的等势面指向电势低的等势面。

5. 电场中有 A、B 两点，把电荷从 A 点移到 B 点的过程中，电场力对电荷做正功，则（　　）。

A. 电荷的电势能减少

B. 电荷的电势能增加

C. A 点的场强一定比 B 点的场强大

D. A 点的场强一定比 B 点的场强小

6. 外力克服静电力对电荷做功时（　　）。

A. 电荷的运动动能一定增大

B. 电荷的运动动能一定减小

C. 电荷一定从电势能大处移到电势能小处

D. 电荷一定从电势能小处移到电势能大处

7. 下列关于电场性质的说法，正确的是(　　)。

A. 电场强度大的地方，电场线一定密，电势也一定高

B. 电场强度大的地方，电场线一定密，但电势不一定高

C. 电场强度为零的地方，电势一定为零

D. 电势为零的地方，电场强度一定为零

8. 关于静电场，下列说法正确的是(　　)。

A. 同一电场的两个等势面可能相交

B. 电势高的地方，电荷的电势能一定大

C. 同一电场线上的各点，电势一定相等

D. 负电荷沿电场线方向移动时，电势能一定增加

9. 如图 1-14 所示，M、N、P 是某电场中三个点，试问：

(1) M、N 是同一条电场线上的两点，那点电势高？

(2) M、P 是同一电场不在同一条电场线上的两点，那点电势高？

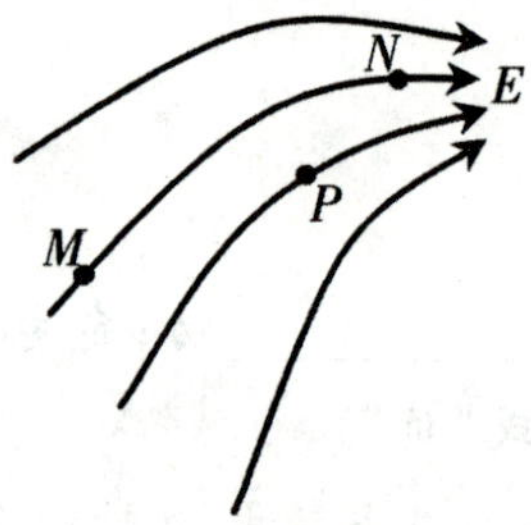

图 1-14　判断电势的高低

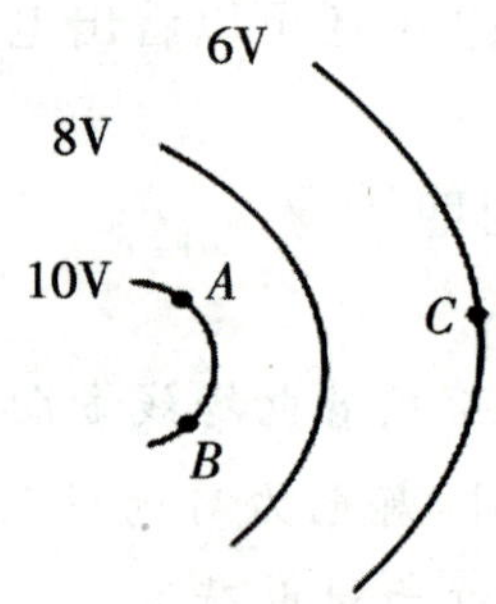

图 1-15　画出电场线的大致分布

10. 把 $q_1=4\times10^{-9}$ C 的试探电荷放在电场中的 A 点，具有 6×10^{-8} J 的电势能，求 A 点的电势。若把 $q_2=2\times10^{-10}$ C 的试探电荷放在电场中的 A 点，电荷所具有的电势能是多少？

11. 电场中两个电势不同的等势面能不能相交？说明理由

12. 某电场的等势面如图 1-15 所示，试画出电场线的大致分布。若单位正电荷 q 沿任一路径从 A 点移动到 B 点，静电力做功是多少？说明理由。正电荷 q 从 A 点移动到 C 点，跟从 B 点移动到 C 点，静电力所做的功是否相等？说明理由。

§1.5　电　势　差

电势差　电场中两点间电势的差值叫作电势差，也叫电压，用 U 表示。设电场中 A 点的电势为 φ_A，B 点的电势为 φ_B，A、B 两点间的电势差为 U_{AB}，则有

$$U_{AB}=\varphi_A-\varphi_B$$

若 B、A 两点间的电势差为 U_{BA}，则有

$$U_{BA}=\varphi_B-\varphi_A$$

可见:$U_{AB}=-U_{BA}$。

电势差可以是正值,也可以是负值。当 A 点的电势比 B 点的电势高时,$U_{AB}=\varphi_A-\varphi_B>0$;当 A 点的电势比 B 点的电势低时,$U_{AB}=\varphi_A-\varphi_B<0$。

电势差也是标量,它的单位是伏特,符号是 V。

应该指出:电场中各点的电势与零电势点的选取有关,但两点间电势差则与与零电势点的选取无关。

静电力做功与电势差的关系 电荷 q 在电场中从 A 点移动到 B 点的过程中,静电力做功为 W_{AB},A、B 两点间的电势差为 U_{AB},可以证明

$$W_{AB}=qU_{AB}$$

这就是 **静电力做功和电势差的关系式。**

这个公式还可变形为

$$U_{AB}=\frac{W_{AB}}{q}$$

根据这个公式,如果知道了电场中两点之间的电势差,就可以很方便地计算在这两点间移动电荷时静电力所做的功,而不必考虑静电力和电荷移动的路径。

应用这个公式时注意,因为电势差 U_{AB} 可以是正值,也可以是负值,所以电荷 q 是正电荷就取正值,是负电荷就取负值;静电力做正功时,W_{AB} 就取正值,静电力做负功或克服静电力做功时,W_{AB} 就取负值。

【例题】在电场中把 2.0×10^{-9} C 的正电荷从 A 点移到 B 点,静电力做功 1.5×10^{-7} J。再把这个电荷从 B 点移到 C 点,静电力做功 -4.0×10^{-7} J。

(1) A、B 间,B、C 间,A、C 间的电势差各是多少?

(2) 把 $q'=-1.5\times10^{-9}$ C 的电荷从 A 点移到 C 点,静电力做多少功?

解:(1)根据静电力做功与电势差的关系式可得

$$U_{AB}=\frac{W_{AB}}{q}=\frac{+1.5\times10^{-7}}{+2.0\times10^{-9}}\text{ V}=75\text{ V}$$

所以 A 点电势比 B 点电势高 75V。同理可得

$$U_{BC}=\frac{W_{BC}}{q}=\frac{-4.0\times10^{-7}}{+2.0\times10^{-9}}\text{ V}=-200\text{ V}$$

所以 C 点电势比 B 点电势高 200 V。

而 $U_{AC}=U_{AB}+U_{BC}=75\text{ V}+(-200\text{ V})=-125\text{ V}$。

所以 C 点电势比 A 点电势高 125 V。

(2) $W_{AC}=q'U_{AC}=-1.5\times10^{-9}\times(-125)\text{ J}=1.875\times10^{-7}\text{ J}$

即把 $q'=-1.5\times10^{-9}$ C 的电荷从 A 点移到 C 点,静电力做正功 1.875×10^{-7} J。

练习五

1. 当 $U_{AB}=\varphi_A-\varphi_B>0$ 时,表明 A 点的电势比 B 点的电势________;当

$U_{AB}=\varphi_A-\varphi_B<0$ 时，表明 A 点的电势比 B 点的电势__________（选填“高”或“低”）。

2. 静电力做功和电势差的关系式是________________________。

3. 在电场中，A、B 两点间的电势差为 $U_{AB}=75$ V，B、C 两点间的电势差为 $U_{BC}=-200$ V，则 A、B、C 三点电势高低关系为（　　）。

A. $\varphi_A>\varphi_B>\varphi_C$　　B. $\varphi_A<\varphi_C>\varphi_B$

C. $\varphi_C>\varphi_A>\varphi_B$　　D. $\varphi_C>\varphi_B>\varphi_A$

4. 对于电场中 A、B 两点，下列说法中正确的是（　　）。

A. 公式 $U_{AB}=\frac{W_{AB}}{q}$ 说明静电场中两点间的电势差 U_{AB} 与电场力做功 W_{AB} 成正比，与移动电荷的电荷量 q 成反比

B. 把任一电荷从 A 点移到 B 点，只要电场力做正功，则 U_{AB} 一定是正值

C. 静电场中两点间电势差 U_{AB} 与移动电荷的电荷量 q 无关，只取决于电场本身的性质

D. 电场中 A、B 两点间的电势差 U_{AB} 等于把正电荷 q 从 A 点移动到 B 点时电场力做的功

5. 在某电场中，已知 A、B 两点间电势差 $U_{AB}=20$ V，电荷量 $q=-2\times10^{-9}$ C 的电荷由 A 点移到 B 点，静电力做功多少？电势能是增加还是减少，增加或者减少多少？

6. 在研究微观粒子时常用电子伏特(eV)做能量单位，1 eV$=1.6\times10^{-19}$ J。现在某一静电场中，将一电子从 a 点移至 b 点，静电力做功 5 eV。则 a、b 两点的电势差是多少？电子从 a 点移至 b 点过程中，它的电势能是增加还是减少，增加或者减少多少？

§1.6　电势差和电场强度的关系

电场强度和电势都是描述电场本身性质的物理量，它们都只与电场本身性质有关，它们之间有什么关系呢？这里，我们以匀强电场为例来讨论。如图 1-16，匀强电场的电场强度为 E，电荷 q 从 A 点移到 B 点，静电力做功 W_{AB} 与 A、B 两点间电势差 U_{AB} 的关系为

$$W_{AB}=qU_{AB}$$

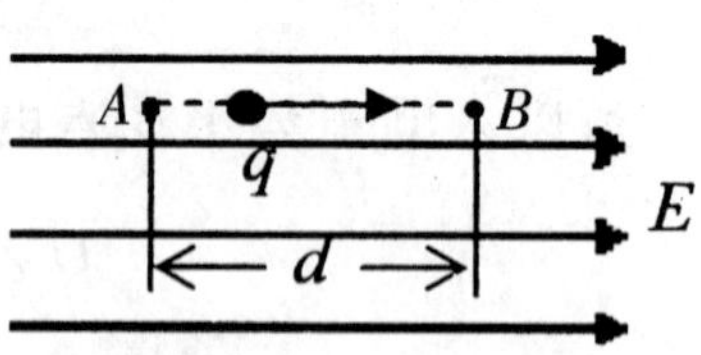

图 1-16　匀强电场的电势差和电场强度的关系

我们也可以从电荷 q 所受的静电力来计算功。电荷 q 所受的静电力是

$$F=qE$$

因为匀强电场中各点电场强度都相等，所以电荷 q 所受的静电力 F 是一个恒力，它对电荷所做的功为

$$W_{AB}=Fd=qEd$$

比较这两个功的计算结果，可得

$$U_{AB}=Ed$$

即：匀强电场中两点间电势差等于电场强度与这两点沿电场方向的距离的乘积。

电势差和电场强度的关系式还可以写作

$$E=\frac{U_{AB}}{d}$$

它的意义是：在匀强电场中，电场强度的大小等于两点间电势差与两点沿电场方向的距离的比值。也就是说，电场强度在数值上等于沿电场方向每单位距离上降低的电势。

这个公式仅适用于匀强电场。

公式中的 d 指沿电场方向 A、B 两点间距离。

(1) 当有向线段$\overrightarrow{AB}$和电场线方向一致时，如图 1-18 所示，$d=|AB|$；当有向线段$\overrightarrow{AB}$和电场线方向有夹角 θ 时，如图 1-17 所示，$d=|AB|\cos\theta=l\cos\theta$。

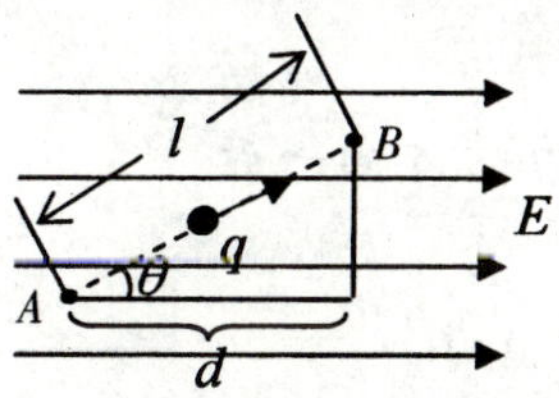

图 1-17　两点沿电场方向的距离

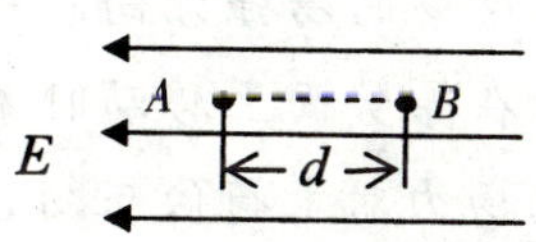

图 1-18　两点沿电场方向距离的符号取值

(2) 当有向线段$\overrightarrow{AB}$和电场线方向相反时，此时公式 $U_{AB}=Ed$ 中的 d 就取负值。如图 1-18 所示，若 $|AB|=0.2$ m，则在应用公式 $U_{AB}=Ed$ 计算 A、B 两点间电势差时，d 就应该为 $d=-0.2$ m。

根据公式 $E=\frac{U_{AB}}{d}$ 可得，电场强度的国际单位是伏特每米，即 V/m。前边我们学过，在国际单位制中电场强度还有一个单位是牛顿每库仑，即 N/C。可以证明：1 V/m=1 N/C。

【例题】带等量异号电荷、相距 10 cm 的平行板 A 和 B 之间有一匀强电场，如图 1-19 所示，电场强度 $E=2\times10^4$ V/m，方向向下。电场中有相距 5 cm 的 C、D 两点。一个电子从 C 点移到 D 点，静电力做了多少功？A、B 两板间电势差是多少？

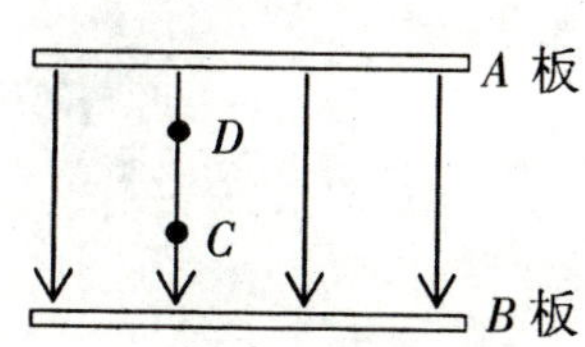

图 1-19

分析 要求一电荷从 C 点移到 D 点，静电力做的功，根据公式 $W_{CD}=qU_{CD}$，就得先求出 C、D 两点间电势差 U_{CD}，而有向线段$\overrightarrow{CD}$和电场线方向相反，所以要用 $U_{CD}=Ed$ 时，d 就取负值，即 $d=-5$ cm$=-0.05$ m。而求 A、B 两板间电势差时，由于 A 点电势比 B 点电势高，有向线段$\overrightarrow{AB}$和电场线方向一致，所以 d 取正值，即 $d=10$ cm$=0.1$ m。

解：(1) C、D 两点间电势差 $U_{CD}=Ed=2\times10^4\times(-0.05)$ V$=-1\times10^3$ V。

一个电子从 C 点移到 D 点，静电力所做的功为

$W_{CD}=qU_{CD}=(-1.6\times10^{-19})\times(-1\times10^3)$ J$=1.6\times10^{-16}$ J

(2) A、B 两板间电势差 $U_{AB}=Ed=2\times10^4\times(0.1)V=2\times10^3$ V。

练习六

1. 在匀强电场中，两点间电势差和电场强度的关系式为____________，公式中的 d 指的是____________。

2. 如图 1-20 所示的匀强电场 $E=10^3$ N/C，矩形 $abcd$ 的 ab 边与电场线平行，且 $ab=3$ cm，$bc=2$ cm，将点电荷 $q=5\times10^{-8}$ C 沿矩形 $abcd$ 移动一周，电场力做功__________，ab 两点的电势差为__________，bc 两点的电势差为__________。

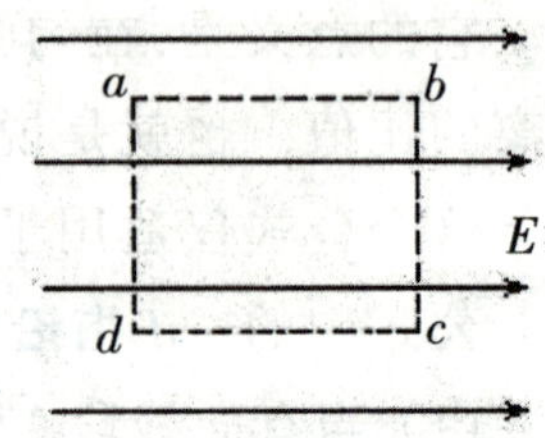

图 1-20

3. 下列关于静电场的说法中正确的是（　　）。

A. 在匀强电场中，任意两点间的电势差与这两点间的距离成正比

B. 匀强电场的场强方向总是跟电荷所受电场力的方向一致

C. 电荷在等势面上移动时不受电场力

D. 若电场力对电荷做正功，电荷的电势能一定减小

4. 图 1-21 所示，在场强为 E 的匀强电场中有 A、B 两点，AB 连线长 L，与电场线夹角为 α。则 A、B 两点的电势差为（　　）。

A. 零　　B. EL

C. $EL\sin\alpha$　　D. $EL\cos\alpha$

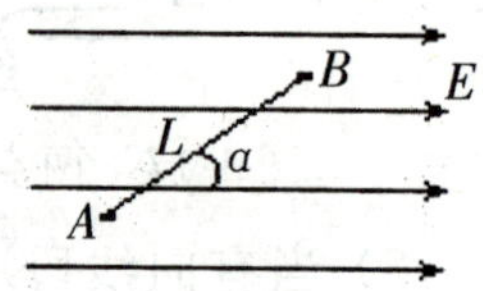

图 1-21

5. 两块带电的平行金属板相距 10 cm，两板之间电压为 9.0×10^3 V。在两板等距离处有一尘埃，带有 -1.6×10^{-7} C 的电荷。这里尘埃受到的静电力是多大？这粒尘埃在静电力作用下运动到带正电的金属板，静电力做的功是多少？（提示：因为本题中静电力是恒力，所以用公式 $W=Fl$ 和 $W=qU$ 都可以计算静电力做的功，可选其中较为简单的方法）

§1.7　静电感应及应用

静电感应　金属导体内部的自由电荷是自由电子。把金属导体放在电场中，会发生什么现象呢？

如图 1-22 所示，把两个用绝缘柱支持的不带电的导体 A、B 对接在一起，在它们的旁边放上一个带正电的带电体 C。这时导体 A、B 就处在带电体 C 的电场中，结果发现，导体 A、B 两端出现正负电荷，靠近带电体 C 的一段出现负电荷，远离带电体 C 的一段出现正电荷。

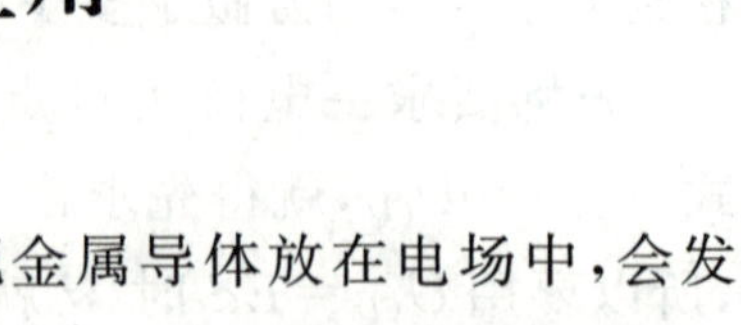

图 1-22　静电感应现象

当一个带电体靠近导体时，由于电荷间相互作用，导体中的自由电荷便会趋向或远离

带电体，使导体靠近带电体的一段带异号电荷，远离带电体的一段带同号电荷。这种现象叫**静电感应**。

把图 1-22 中已经带上等量异号电荷的导体 A、B 分开（如图 1-23 甲所示），然后再拿走带电体 C，这时原来不带电的导体 A、B 就分别带上了正负电荷了（如图 1-23 乙所示）。利用静电感应使金属导体带电的过程叫**感应起电**。

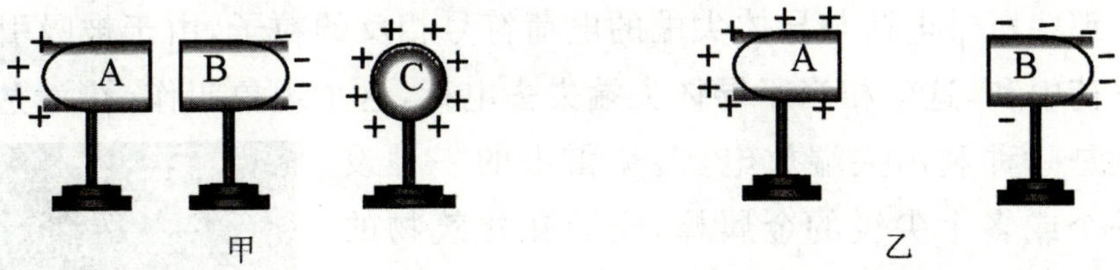

图 1-23　感应起电

静电平衡状态　把任意一块金属导体放在电场强度为 E_0 的匀强电场中，导体中的自由电子在电场力的作用下，要逆着电场线方向运动（如图 1-24 甲所示），在极短时间内，导体两端就出现等量的正负电荷（如图 1-24 乙所示）。

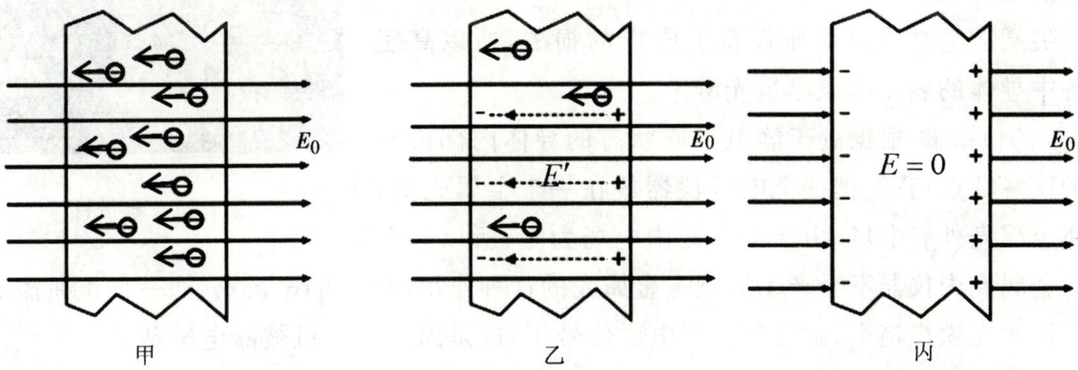

图 1-24　静电平衡

随着导体两端出现正负电荷，在导体中就产生一个由正负电荷所产生的附加电场 E'，它的方向与 E_0 方向相反，其效果是削弱了原来的电场强度（如图 1-24 乙所示）。随着导体两端积累电荷的增多，附加电场 E' 逐渐增大，当 E' 和 E_0 大小相等时，导体中的合电场强度 $E=E_0-E'=0$（如图 1-24 丙所示）。这时导体中的自由电子不再受电场力作用，因而不再定向移动。处于静电场中的导体内部（包括导体表面）没有电荷做定向移动的状态，叫作**静电平衡状态**。

处于静电平衡状态的导体，内部的电场强度处处为零。

处于静电平衡状态的整个导体是个等势体，它的表面是个等势面。

静电平衡导体上电荷的分布　一个导体，无论原来是否带电，放入电场中后，由于静电感应而在导体的不同部位出现电荷。静电平衡时，导体上的电荷分布有以下两个特点。

（1）导体内部没有电荷，电荷只分布在导体的外表面。

这是因为，假如导体内部有静电荷，导体内部的电场就不可能为零，自由电荷就会定向移动，导体也就没有处于静电平衡状态。

（2）在导体的外表面，越尖锐的位置电荷密度（单位面积上的电荷量）越大，凹陷的位置几乎没有电荷。

尖端放电现象 导体尖端的电荷密度很大，附近的电场很强，空气中残存的带电粒子会在强电场的作用下产生剧烈的运动，把空气分子撞“散”，也就是使空气分子中的正负电荷分离，这种现象叫作 **空气的电离**。中性的分子电离变成带负电的自由电子和带正电的离子。这些带电粒子在强电场的作用下加速撞击空气分子，使它们进一步电离，产生更多的带电粒子。那些所带电荷与导体尖端的电荷符号相反的粒子，由于被吸引而奔向尖端，与尖端上的电荷中和，这就相当于导体尖端失去电荷，这个现象叫作 **尖端放电现象**。

避雷针就是一种利用尖端放电、避免雷击的一种设施。它是由一个或多个尖锐的金属棒，安装在建筑物的顶端，用粗导线与埋在地下的金属板连接，保持与大地良好的接触。当带电的云层接近建筑物时，由于静电感应，金属棒出现与云层相反的电荷。通过尖端放电，这些电荷被不断地释放到大气中，中和空气中的电荷，达到避免雷击的目的，如图 1-25 所示。

图 1-25 避雷针

尖端放电会导致高压设备上电能的损失，所以高压设备中导体的表面应该尽量光滑。

静电屏蔽 根据处于静电平衡状态的导体内部没有电场这一特点，我们把一个电学仪器放在一个金属壳里，即使金属壳外有电场，由于金属壳内电场为零，所以外电场对金属壳内仪器不会产生影响。金属壳的这种作用叫作 **静电屏蔽**。把一个正在播放的收音机放在铁皮箱中，就接收不到电磁信号了，这是因为收音机被静电屏蔽了。

练习七

1. 三种使物体带电的方式分别是______、______、______。

2. 避雷针是利用______原理来避电：带电云层靠近建筑物时，避雷针上产生的感应电荷会通过尖端放电，逐渐中和云中的电荷，使建筑物免遭雷击。

3. 如图 1-26 所示，一个验电器用金属网罩罩住，当加上水平向右的、场强大小为 E 的匀强电场时，验电器的箔片______(选填“张开”或“不张开”)，我们把这种现象称为______。

图 1-26

4. 处于静电平衡中的导体，内部场强处处为零的原因是(　　)。

   A. 外电场不能进入导体内部

   B. 所有感应电荷在导体内部产生的合场强为零

   C. 外电场和所有感应电荷的电场在导体内部叠加的结果为零

   D. 以上解释都不正确

5. 每到夏季，雷雨等强对流天气时有发生，当我们遇到雷雨天气时，一定要注意避防雷电。打雷时，下列做法正确的是(　　)。

A. 使用无防雷措施或防雷措施不足的电器

B. 远离金属门窗、建筑物外墙和带电设备

C. 撑着金属骨架的雨伞在雨中行走

D. 躲在大树底下避雨

§1.8　电容器和电容

电容器 任意两个彼此绝缘而又互相靠近的导体，就组成一个电容器。电容器是一种很重要的电学元件，有广泛的应用。两块正对着的、互相平行、彼此绝缘而又靠得很近的金属板中间加一层绝缘物质——电介质(空气也是一种电介质)，就组成一个最简单的电容器，叫平行板电容器。这两个金属板叫电容器的极板。

如图 1-27 所示，把电容器的一个极板和电源的正极相连，另一个极板和电源的负极相连，电容器的两个极板就带上了等量异号电荷，这个过程叫作电容器的充电。电容器一个极板带的电荷量叫作电容器带的电荷量。充电后，电容器两极板间就有了电场。

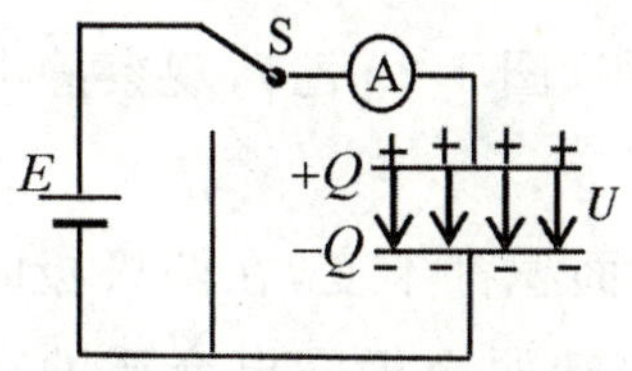

图 1-27　电容器充电示意图

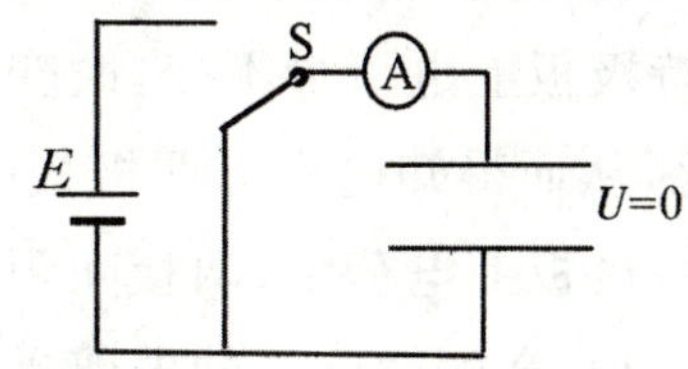

图 1-28　电容器放电示意图

如图 1-28 所示，用导线把充电后的电容器的两极板接通，两极板上的电荷就会中和，电容器又不带电了，这个过程叫电容器的放电。放电后，两极板间就不再有电场。

电容 充电后的电容器两板间有电势差，这个电势差与电容器所带电荷量有关。电容器所带电荷量越大，两板间电势差就越大。实验证明：一个电容器所带电荷量 Q 与电容器两板间电势差 U 成正比，比值 Q/U 是一个常量。不同的电容器，这个比值一般是不同的。可见这个比值表征了电容器储存电荷的特性。

电容器所带电荷量 Q 与电容器两板间电势差 U 的比值，叫作电容器的电容。用 C 表示电容，则有

$$C=\frac{Q}{U}$$

电容是表示电容器容纳电荷本领大小的物理量。一个电容器的电容的大小与电容器所带电荷量 Q 无关，与电容器两板间电势差 U 也无关，只与电容器本身的性质(结构)有关。

在国际单位制中，电容的单位是法拉简称发符号是 F。常用单位还有微发(μF)和皮发(pF)，它们与法拉的关系是

$$1\mu F = 10^{-6}\ F$$
$$1pF = 10^{-12}\ F$$

当电容器始终保持和电源相连时，电容器两板间电势差 U 恒定，始终等于电源电压；当电容器充完电以后断开电源，电容器所带电荷量 Q 保持不变。

平行板电容器的电容　一个电容器的电容 C 与它所带的电荷量 Q、两板间电势差 U 都无关，只与电容器本身性质有关。那么电容到底与电容器本身的哪些因素有关？这里，我们先研究影响平行板电容器电容的因素。

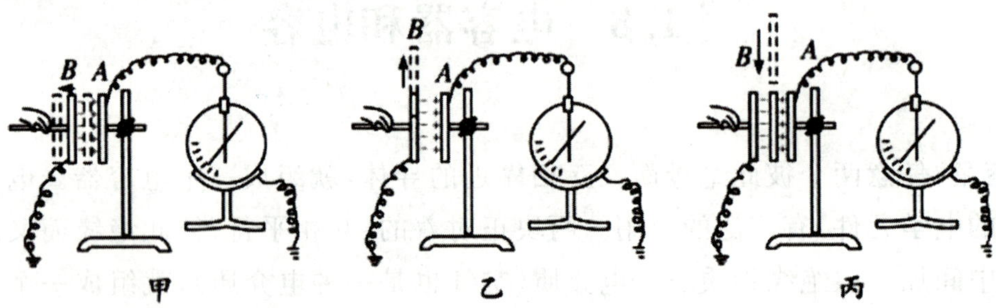

图 1-29　研究影响平行板电容器电容大小的因素

如图 1-29 所示，用静电计测量已经充电的平行板电容器的两板间电势差 U。

1. 保持极板上电荷量不变，改变两板间距离(图 1-29 甲)，观察静电计的电势差如何变化，从而得知电容与两板间距离的关系。

2. 保持极板上电荷量不变，改变两极板的正对面积(图 1-29 乙)，观察静电计的电势差如何变化，从而得知电容与两极板的正对面积的关系。

3. 保持极板上电荷量、两板间距离、两极板的正对面积都不变，在两极板间插入电介质(图 1-29 丙)，观察静电计的电势差如何变化，从而得知两极板间电介质的存在对电容的影响。

理论分析表明：平行板电容器的电容与两极板正对面积成正比，与电介质的相对介电常数成正比，与两极板间距离成反比。

相对介电常数是表征介质材料的介电性质或极化性质的物理参数，其值等于以预测材料为介质与以真空为介质制成的同尺寸电容器电容量之比，该值也是材料储电能力的表征，也称为相对电容率。

表 1-1　几种常用电介质的相对介电常数

电介质	空气	煤油	石蜡	陶瓷	玻璃	云母	水
相对介电常数	1.0005	2	2.0～2.1	6	4～11	6～8	81

常用电容器　电容器的品种很多，从构造上看，常用电容器可分为固定电容器和可变电容器两类。

固定电容器的电容是固定不变的，常用的有聚苯乙烯电容器和电解电容器。

以聚苯乙烯薄膜为电介质，把两层铝箔隔开，卷起来，就制成了一个聚苯乙烯电容器(如图 1-30 甲所示)。改变铝箔的面积和薄膜的厚度，可以制成不同电容的聚苯乙烯电容器。用陶瓷作介质的陶瓷电容器也很常用。

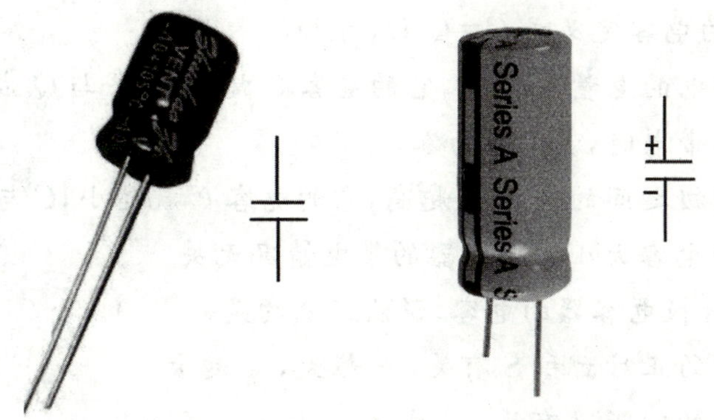

甲 聚苯乙烯电容器　　乙 电解电容器

图 1-30 固定电容器及其符号

电解电容器(如图 1-30 乙所示)是用铝箔作一个极板,用铝箔上很薄的一层氧化膜作电解质,用浸过电解液的纸作另一个极板制成的。由于氧化膜很薄,电解电容器的电容很大。电解电容器的极性是固定的,使用时极板不能接错。

可变电容器的电容可以改变,它有两组铝片(如图 1-31 所示)。固定的一组铝片叫作定片,可以转动的一组铝片叫作动片。转动动片,就改变两组铝片的正对面积,从而改变电容。

图 1-31 可变电容器及其符号

电容器一般标有两个数值:电容量和工作电压。如果加在电容器机板上的电压超过工作电压,电介质将被击穿,电容器就损坏了。

电容器除了可以用来储存电荷和电能外,还可以改变交流电路的特性,是电力设备、电子设备中常用的元件。收音机、电视机、电冰箱等电路中都有电容器。

练习八

1. 把电容器的一个极板和电源的正极相连,另一个极板和电源的负极相连,电容器的两个极板就带上了等量异号电荷,这个过程叫作____________。用导线把充电后的电容器的两极板接通,两极板上的电荷就会中和,电容器又不带电了,这个过程叫作________________。

2. 电容器的电容的定义式是____________。电容的国际单位是________,符号是________。

3. 有一个电容器,它带电荷量 1×10^{-6} C 时,两极板间的电压是 1 V,则这个电容器的电容为__________F。当它带电荷量 2×10^{-6} C 时,此电容器的电容是__________F。

4. 影响平行板电容器电容大小的因素是__________、__________、______________。

5. 某电容器上标有“220 V 300 μF”,300 μF=__________F,正常工作时允许加在其两端的电压不能超过__________V。

6. 根据电容器的电容定义式 $C=Q/U$，可知(　　)。

A. 电容器带电的电量 Q 越多，它的电容 C 就越大，C 与 Q 成正比

B. 电容器不带电时，其电容为零

C. 电容器两极之间的电压 U 越高，它的电容 C 就越小，C 与 U 成反比

D. 电容器的电容大小与电容器的带电情况无关

7. 下列关于平行板电容器的电容，说法正确的是(　　)。

A. 跟两极板的正对面积 S 有关，S 越大，C 越大

B. 跟两极板的间距 d 有关，d 越大，C 越大

C. 跟两极板上所加电压 U 有关，U 越大，C 越大

D. 跟两极板上所带电量 Q 有关，Q 越大，C 越大

8. 一个平行板电容器，电容为 200 pF，充电后两极板间的电压为 100 V，电容器的带电量是多少？

9. 一个电容器当带电量为 Q 时，板间电势差为 U，当它的电量减少 3×10^{-6} C 时，板间电势差降低 2×10^{2} V，此电容器的电容为多少？

10. 平行板电容器充电后断开电源，然后将两极板间的距离逐渐增大，试分析在此过程中，电容器的电容如何变化？两板间电压如何变化？

§1.9　用电场控制带电粒子的运动

带电粒子在电场中要受到电场力的作用，产生加速度，速度的大小方向都可能会发生变化。现在科学技术设备中，常常利用电场来控制带电粒子的运动。

利用电场来控制带电粒子的运动，可分为两种较为简单的情况：一是利用电场使带电粒子加速，二是利用电场使带电粒子偏转。对于质量很小的带电粒子，例如，电子、质子等，它们受到的万有引力(重力)远小于静电力，可以忽略。

带电粒子的加速 如图 1-32 所示，在真空中有一对平行金属板，两板间电压为 U。两板间有一质量为 m，带正电荷 q 的粒子，在静电力的作用下由静止开始向负极板运动，计算它达到负极板的速度大小。

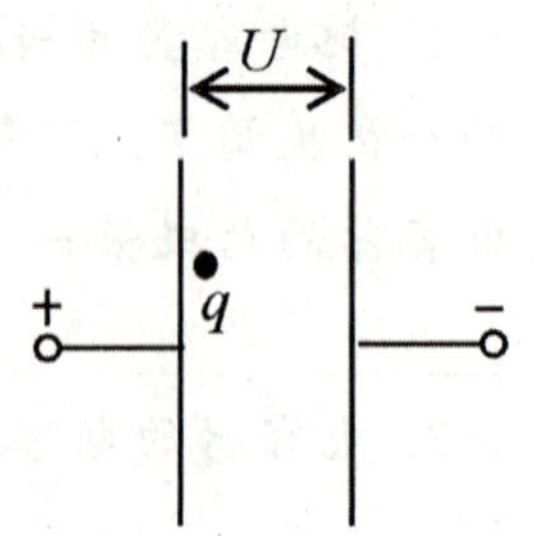

图 1-32

在带电粒子运动的过程中，静电力对它做的功是

$$W=qU$$

设粒子达到负极板的速度为 v，其动能为

$$E_k=\frac{1}{2}mv^2$$

由动能定理可知

$$\frac{1}{2}mv^2=qU$$

根据这个式子就可以计算出该带电粒子达到负极板的速度大小。

带电粒子的偏转　如果电场方向跟带电粒子的初速度方向不同，带电粒子在静电力作用下将做曲线运动，运动轨迹发生偏转。通常情况是让电场方向与带电粒子的初速度方向垂直。

如图 1-33 所示，真空中有一对平行金属板，两板间电压为 U，两板间距离为 d，则它们之间的匀强电场的电场强度为

$$E=\frac{U}{d}$$

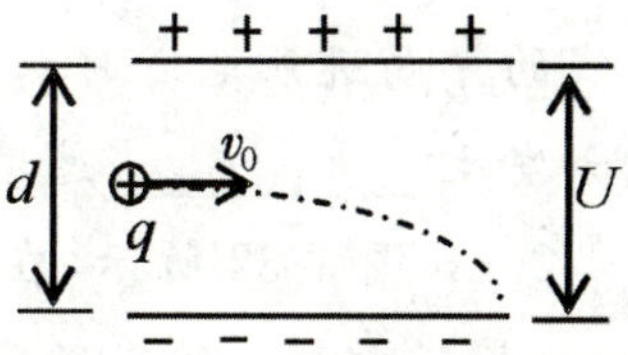

图 1-33　带电粒子的偏转

设带正电的粒子以速度 v_0 垂直于电场方向进入电场后，受到的静电力为

$$F=qE=q\frac{U}{d}$$

由于 F 垂直 v_0，所以带电粒子的运动轨迹发生偏转。

示波器的原理　示波器是一种灵敏的电子仪器，可用来观察电信号随时间变化的情况。示波器的核心部件是示波管，如图 1-34 是它的原理图。它是由电子枪、偏转电极和荧光屏组成。

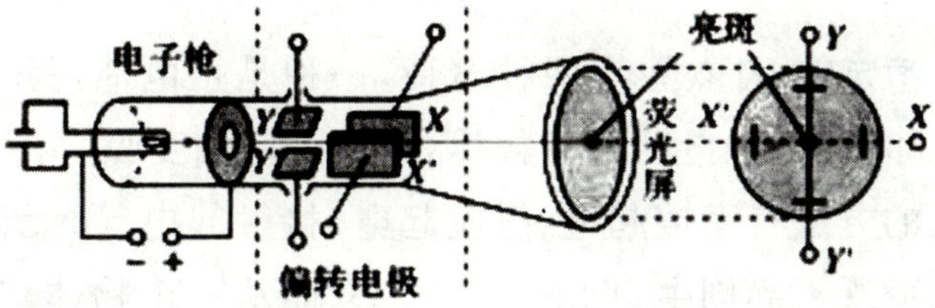

甲 示波器结构　　　乙 荧光屏

图 1-34　示波器原理图

电子枪的作用是产生高速飞行的一束电子。给灯丝通电，阴极被加热后发射大量电子，在阴极和阳极之间有一加速电场，电子在电场的作用下会得到加速和汇聚，从而形成一个很细的高速电子束。如果在偏转电极 XX' 和 YY' 之间没有加电压，高速电子束从电子枪射出沿就直线传播，打到荧光屏中心，在这里产生一个亮斑。

在水平偏转极板 XX' 上加电压，电子束从这两个极板间通过时，要受到电场力作用，在水平方向上发生偏转，在荧光屏上的亮斑就会沿水平方向发生左右偏移。同理，在竖直偏转极板 YY' 上加电压时，在荧光屏上的亮斑就会沿竖直方向发生上下偏移。

所以荧光屏上亮斑的位置可由加在水平偏转极板和竖直偏转极板上的电压来控制，改变加在这两组极板上的电压，亮斑就在荧光屏上按电压变化的规律移动。

使用示波器时，通常在 XX' 偏转电极上加一个随时间均匀变化的电压，使荧光屏上的亮斑以一定的速度匀速从左向右移动，移动到最右端后再迅速返回左端，然后再匀速向右移动。亮斑的这种运动叫作扫描，所加的电压叫作扫描电压。这时，如果在 YY' 偏转电

极上加上待测的信号电压，则信号电压的变化情况就会被展开为随时间变化的图象，从图像的形状就可以了解信号电压的变化情况。

练习九

1. 一带正电的带电粒子沿着电场线方向进入电场时（或一带负电的带电粒子逆着电场线的方向进入电场时），就会被__________；当一带电粒子垂直电场线方向进入电场时，就会发生__________（选填“偏转”或“加速”）。

2. 如图 1-32 所示，在真空中有一对平行金属板，两板间电压为 U。两板间有一质量为 m，带正电荷 q 的粒子，在静电力的作用下由静止开始向负极板运动，则它达到负极板的速度的大小为__________。

3. 把一个初速度为零的正电荷放在电场中，它在电场力的作用下，由电势__________的地方向电势__________的地方运动。把一个初速度为零的负电荷放在电场中，它在电场力的作用下，由电势__________的地方向电势__________的地方运动（选填“高”或者“低”）。

本章知识小结

1. **电荷及其守恒定律** 自然界有两种电荷，一种是正电荷，另一种是负电荷。这两种电荷相互作用的规律是：同种电荷相互排斥，异种电荷相互吸引。

能够使物体带电的方法有摩擦起电、感应起电、接触起电等，无论通过哪一种方式让物体带电，都遵守：电荷既不会创生，也不会消灭，只能从一个物体转移到另一个物体，或者从物体的一部分转移到另一部分；在转移的过程中，电荷的总量保持不变。这个结论叫作 **电荷守恒定律。**

2. **电荷量** 物体所带电荷的多少叫电荷量，简称电荷，常用 Q 或 q 表示。

科学实验发现的最小电荷量就是电子所带电量。人们把这个最小的电荷量叫作元电荷，用 e 表示。$1\ e=1.60\times10^{-19}$ C。

3. **点电荷** 若带电体之间的距离比它们自身的大小大得多，以至于带电体的形状和大小以及电荷分布情况对它们之间作用力的影响已无关紧要，这时，可以把这个带电体看作一个带电的点。这样的带电体称为 **点电荷。**

4. **库仑定律** 真空中两个静止的点电荷之间的作用力，与它们的电荷量的乘积成正比，与它们的距离的二次方成反比，作用力的方向在它们的连线上。用公式表示就是

$$F=k\frac{Q_1Q_2}{r^2}$$

这个规律叫作 **库仑定律。**电荷间这种作用力叫 **静电力**或 **库仑力。**式子中的 k 是比例常数，叫作 **静电力常量**在国际单位制中，$k=9\times10^9\ \mathrm{N\cdot m^2/C^2}$。

5. **电场** 电荷周围存在着一种特殊的物质，叫作 **电场。**电场明显的特征之一是对场

中其他电荷有电场力的作用。

6. **电场强度** 放入电场中某点的试探电荷所受的电场力 F 跟试探电荷的电荷量 q 的比值叫作该点的 **电场强度**。用 E 表示电场强度，即

$$E=\frac{F}{q}$$

7. **电场线** 在电场中画出一系列带箭头的曲线，使曲线上任一点的切线方向都和该点的电场强度方向一致，这一系列曲线叫作电场线。

8. **静电力做功的特点** 静电力对电荷做功与路径无关，只与电荷的起始位置和终止位置有关，这就是静电力做功的特点。

9. **电势能** 电荷在电场中具有的势能，叫 **电势能**。当静电力对电荷做正功时，电荷的电势能就减少，且电荷电势能的减少量等于静电力所做的功；当静电力对电荷做负功时，电荷的电势能就增加，且电荷电势能的增加量等于电荷克服静电力所做的功。

电势能也是标量。电势能也是相对的，只有确定了零电势能的位置后，电荷在电场中某一位置的电势能才有确定的值。零电势能的位置可以任意选取，但在理论上取无穷远处的电势能为零。

10. **电势** 电荷在电场中某一点的电势能与它电荷量的比值，叫作这一点的 **电势**。如果用 φ 表示电势，则

$$\varphi=\frac{E_p}{q}$$

在国际单位制中，电势的单位是 **伏特**，符号为 V。

电势也是相对量，只有先确定零电势的位置后，才能确定电场中其他各点的电势值。零电势的选取和零电势能的选取一致，即选离场源电荷无穷远处的电势为零电势，在实际应用中常选大地的电势为零电势。

沿着电场线的方向电势逐渐降低。

11. **等势面** 电场中电势相等的各点构成的面叫作 **等势面**。与电场线一样，等势面是从另外一个角度来形象地描述电场的性质的。

在同一等势面上，任意两点间电势都相等，所以在同一等势面上移动电荷时静电力不做功。

等势面一定与电场线垂直，即跟电场强度方向垂直。

12. **电势差** 电场中两点间电势的差值叫作 **电势差**，也叫 **电压**，用 U 表示。设电场中 A 点的电势为 φ_A，B 点的电势为 φ_B，A、B 两点间的电势差为 U_{AB}，则有

$$U_{AB}=\varphi_A-\varphi_B$$

电势差也是标量，它的单位是伏特，符号是 V。

13. **静电力做功与电势差的关系** 电荷 q 在电场中从 A 点移动到 B 点的过程中，静电力做功为 W_{AB}，A、B 两点间的电势差为 U_{AB}，可以证明

$$W_{AB}=qU_{AB}$$

这就是静电力做功和电势差的关系式。

14. 电势差和电场强度的关系　匀强电场中两点间电势差等于电场强度与这两点沿电场方向的距离的乘积。即 $U_{AB}=Ed$，也可变形为

$$E=\frac{U_{AB}}{d}$$

15. 静电感应　当一个带电体靠近导体时，由于电荷间相互作用，导体中的自由电荷便会趋向或远离带电体，使导体靠近带电体的一段带异号电荷，远离带电体的一段带同号电荷，这种现象叫静电感应。处于电场中的导体也会发生静电感应现象。

电场中的导体内部(包括导体表面)没有电荷做定向移动的状态，叫作静电平衡状态。处于静电平衡状态的导体，内部的电场强度处处为零。

16. 电容器　任意两个彼此绝缘而又互相靠近的导体，就组成一个电容器。两块正对着的、互相平行、彼此绝缘而又靠得很近的金属板中间加一层绝缘物质——电介质，就组成一个最简单的电容器，叫平行板电容器。这两个金属板叫电容器的极板。

17. 电容　电容器所带电荷量 Q 与电容器两板间电势差 U 的比值，叫作电容器的电容。用 C 表示电容，则有

$$C=\frac{Q}{U}$$

在国际单位制中，电容的单位是法拉，简称法，符号是 F。常用单位还有微发 (μF)和皮发 (pF)，它们与法拉的关系是

$$1\ \mu\text{F}=10^{-6}\ \text{F}$$
$$1\ \text{pF}=10^{-12}\ \text{F}$$

平行板电容器的电容与两极板正对面积成正比，与电介质的相对介电常数成正比，与两极板间距离成反比。

18. 用电场控制带电粒子的运动　利用电场来控制带电粒子的运动，可分为两种较为简单的情况：一是当带电粒子的初速度方向和电场方向平行时，利用电场使带电粒子加速；二是当带电粒子的初速度方向和电场方向垂直时，利用电场使带电粒子偏转。

阅读园地

静电的危害及防护

静电的基本知识　我们通常把相对观察者静止的电荷叫作静电。静电现象广泛地存在于自然界和我们日常生活之中。比如，我们每时每刻呼吸的空气，每立方厘米就含有 100～500 个带电粒子。我们居住的地球就是一个巨大的带电体，地壳上带有 5×10^{5} C 的电荷；再比如，当你在干燥的季节里用梳子梳头时，常常会听到噼啪的声响；在天空阴霾或暴雨降临的时刻，闪电总要划破长空并发出震耳欲聋的轰鸣……这一切都是静电现象。

物质是由分子和原子构成的，原子可视为由带正电的原子核和带负电的核外电子构成的，且每个原子的正电量与负电量是相等的，故正常情况下，物质是电中性的。物质在一定外因作用下，如受到摩擦或外电场的作用，其上的一些电荷就可能会发生转移现象，这时物质会因为失去电子而显正电性，称其带了正电；另一些物质因为获得电子而显负电性，称其带了负电。

电荷在自身周围所激发的特殊物质形态叫作电场。电场的基本性质是：场源电荷的电荷量愈大，其

电场愈强，它和周围环境的电势差(电压)就越大；对于处于其中的任何电荷或带电体都有力(电场力)的作用；当电场强度强到一定程度，电场中的其他电荷就会因为电场力作用而产生位移……称为放电现象。

静电的危害 通常我们把静电给人类带来的危害分作两大类，即静电灾害和静电障害。

静电灾害是指由于静电放电而引起的大火或爆炸事故。这类灾害往往是突发性的，一次性损失巨大。以石油工业为例，虽然石油部门经过数十年的科学研究和经验总结，采取许许多多的防范措施，但石油静电事故仍然时有发生。这是因为石油及其蒸气是易燃易爆品，而在石油的生产、运输和储存过程中，随时都会产生大量的静电。例如，当石油在管道中流动时，石油液体携带大量电荷，形成液流电流；而石油与管壁之间的摩擦，在管道上会积累静电，且电荷量与石油在管道中的流速成正比；当石油从管嘴喷出时，喷嘴与油之间产生静电，石油液体分离产生静电，石油冲击金属容器造成喷溅飞沫而产生静电；石油通过过滤网，石油在油罐车、油船中，石油液面上有漂浮物时，不同规格石油相遇时，都会产生静电。试验测定结果表明，在管道口径为 80 mm 的金属管中，原油以 5.2 m/s 速度流动时，其油面和大地间的电压可高达 9 600 V。而另一项实验表明，300 V 以上的火花放电，就足以引起含有汽油或煤油蒸气的空气燃烧爆炸。这也许就是近年来我国石油企业发生多起静电引发爆炸事故的主要原因。

除石油工业外，静电灾害还常常出现在化工、海运、航空航天等工业部门。

静电障害是指那些除火灾和爆炸之外，静电所带给人类生活、生产的一切麻烦与障碍。它虽不像静电灾害那般突然爆发，但它给人类造成的损失同样是很大的，有时竟是无法估量的。比如，汽车上的收音机，在炎热干燥的季节里常因轮胎和路面摩擦产生的静电干扰而无法接收；狂风卷起的砂砾携带着大量摩擦电荷，不仅能够中断无线电通讯的传输，有时还会造成铁路、航空等自动信号系统的信号错误，造成严重事故。很多生产过程中存在静电，严重妨碍生产和影响产品质量。例如，在纤维和纺织工业，由于静电引起纤维的排斥和吸引，使轻细的纤维扩散或相互纠缠，造成纤维断线、难于集束、不易折叠等现象；在印刷和造纸工业，由于静电作用，纸张与纸张之间，纸张与纸粉废屑之间的吸附，以及因印刷机喷出的油墨带电而产生“溅墨”现象，致使印刷质量下降；还会由于纸张经过数道印刷工序后，在频繁摩擦中产生大量静电，足以使靠近纸张的操作工人受到静电电击，甚至会发生放电引燃油墨溶剂的事故。

静电的防护 防止和消除静电的方法，一般是采取接地泄放静电、增加空气湿度、添加抗静电剂、使用消电器等。下面简单介绍几种与我们每一位同学休戚相关的防止静电危害的方法。

一、身体上的静电

当天气非常干燥时，早上起来梳头时，头发会经常随着梳子飘起来，越理越乱；见面握手时，手指刚一接触，就会被电到；穿绝缘性能好的鞋在地板上行走后，当去开门时，被金属门把手电到，指尖如刺般刺痛；晚上脱衣服时，听到噼啪响声。这几种现象都是身体静电对外放电的结果。

防护方法

1. 防止头发产生静电，可在清洗头发后尽量使用护发素，防止头发干燥，并且尽量使用木质或角质的梳子梳理头发。在使用塑料梳子时，可将其沾点水后再进行梳理。

2. 在干燥的季节尽量穿纯棉衣根，用天然纺织物的床单、被罩，尽量不要穿化纤质地的服装，这样就可以防止摩擦起电。尽可能远离电视机、电冰箱之类的电器，能防止感应起电。

3. 避免静电击打，可用钥匙这样的小金属器件碰触大门、水龙头、椅背、等金属物件，消除静电后，再用手去触摸。

4. 常洗澡、洗手能让人体表面积累的静电在水中释放掉，室内赤脚走路也可释放体表积累的静电进入地板。

5. 室内常用加湿器，或者在取暖器上放一杯水、一块湿毛巾来增加室内的湿度。饲养观赏鱼和摆放一些绿色的盆栽花木也可以是调节室内湿度。

6. 饮食上，要多吃蔬菜、水果、酸奶等酸性食品；多饮水，同时补充钙质和维生素C，维持人体正常的电解质平衡，减少静电产生。

二、地毯中的静电

当人在地毯上行走时与地毯摩擦所带的电荷，当积累到一定程度时可产生2 000 V的电压，此时若人伸手去拉金属把手，则会产生火花放电，严重时会造成人痉挛。

防护方法

在地毯中夹杂0.05 mm～0.07 mm的不锈钢导电纤维以消除静电。

三、汽车上的静电

汽车静电可分为两类：一是汽车自身的静电(如座套和坐垫的摩擦而带的电)，使乘客感到电击或带来一些其他不便；二是油罐车的静电，专门用来装汽油或柴油等液体燃料的卡车。在灌油和运输过程中，燃油与油罐摩擦、撞击所带的电荷若没有及时被导走，积累到一定程度时，则会产生电火花，引起爆炸。

防护方法

1. 纤维物的摩擦是小汽车静电的重要来源，所以在选择汽车座套脚垫等物品时，建议使用真皮、纯棉制品；注重选择车蜡，根据车的特性选择不同类型的车蜡；或者使用一些防静电的电子设备，使静电及时导出。

2. 油罐车静电防止的方法一般为在车底上装带一条拖在地上的铁链，将静电导入大地。

四、飞机上的静电

飞机在飞行时与空气及云层中微小的冰雹晶体摩擦，使飞机带上大量的静电电荷，积累到一定程度就会影响到飞机的无线电通信。如果在着陆的过程中未被导走，当地勤人员接近机身时，人与飞机间则会产生火花放电，严重时能将人击倒。

防护方法

1. 在飞机翼尖与尾部安装放电刷，使飞机产生的静电不断放出，这样飞机就可以安全飞行。

2. 机上各连接部位都装有搭铁地线，将各个机件连为一体，可以减少连接点电位差，防止火花放电。

3. 使用导电轮胎，飞机在着陆时使静电流入大地。

五、工厂中的静电

印刷厂的车间里，纸张和纸张的摩擦使其沾在一起；纸张和机器及油墨之间的摩擦，常常使其吸在铅板或印刷机的圆筒上面，严重影响连续印刷。在印染厂里，棉纱、毛线、人造纤维上的静电，会吸引空气中的尘埃，从而使印染质量下降。有些工厂由于原料入料、物料搅拌、成品输送或分装等摩擦产生静电，严重时会造成火灾。

防护方法

1. 增加工作地点和居室的空气湿度，以减少静电的产生。

2. 在机器设备上增加接地线，及时把静电导入大地。

复　习　题

一、选择题

1. 下列说法正确的是(　　)。

A. 摩擦起电和感应起电都是使物体的正负电荷分开,而总电荷量并未变化

B. 用毛皮摩擦过的硬橡胶棒带负电,是摩擦过程中硬橡胶棒上的正电荷转移到了毛皮上

C. 用丝绸摩擦过的玻璃棒带正电荷,是摩擦过程中玻璃棒得到了正电荷

D. 以上说法都不对

2. 关于点电荷的说法,正确的是(　　)。

A. 只有体积很小的带电体,才能作为点电荷

B. 体积很大的带电体一定不能看作点电荷

C. 点电荷一定是电量很小的电荷

D. 不论两个带电体多大,只要它们之间的距离远大于它们的大小,这两个带电体就都可以看作是点电荷

3. 关于电场强度的概念,下列说法正确的是(　　)。

A. 由 $E=\frac{F}{q}$ 可知,某电场的场强 E 与 q 成反比,与 F 成正比

B. 电场强度的方向就是电荷所受电场力的方向

C. 场中某一点的电场强度与放入该点的试探电荷正负无关

D. 场中某一点不放试探电荷时,该点场强等于零

4. 电场中有 A、B 两点,把电荷从 A 点移到 B 点的过程中,电场力对电荷做正功,则(　　)。

A. 电荷的电势能减少　　B. 电荷的电势能增加

C. A 点的场强一定比 B 点的场强大　　D. A 点的电势一定比 B 点的电势高

5. 在电场中,A、B 两点间的电势差为 $U_{AB}=20$ V,B、C 两点间的电势差为 $U_{BC}=-100$ V,则 A、B、C 三点电势高低关系为(　　)。

A. $\varphi_A>\varphi_B>\varphi_C$　　B. $\varphi_A<\varphi_C<\varphi_B$

C. $\varphi_C>\varphi_A>\varphi_B$　　D. $\varphi_C>\varphi_B>\varphi_A$

6. 每到夏季,雷雨等强对流天气时有发生。当我们遇到雷雨天气时,一定要注意避防雷电,打雷时,下列做法正确的是(　　)。

A. 使用手机或电话求救　　B. 远离金属门窗、建筑物外墙和带电设备

C. 撑着金属骨架的雨伞在雨中行走　　D. 背靠大树避雨

7. 关于静电场的说法中正确的是(　　)。

A. 在匀强电场中,任意两点间的电势差与这两点间的距离成正比

B. 匀强电场的场强方向总是跟电荷所受电场力的方向一致

C. 电荷在等势面上移动时不受电场力

D. 电荷在同一等势面上移动时电场力不做功

8. 关于电容器的电容，下列说法正确的是(　　)。

A. 电容器带电的电量 Q 越多，它的电容 C 就越大，C 与 Q 成正比

B. 电容器两极之间的电压 U 越高，它的电容 C 就越小，C 与 U 成反比

C. 平板电容器的电容与两极板的正对面积 S 成正比，与两极板的间距 d 成反比

D. 电容器不带电时，其电容为零

二、填空题

1. 用毛皮摩擦橡胶棒时，橡胶棒带______电荷，毛皮带______电荷。当橡胶棒带有 3.2×10^{-9} 库仑的电量时，电荷量为 1.6×10^{-19} 库仑的电子有______个从______移到______上。

2. 电荷量的国际单位库仑 C 和常用单位元电荷 e 之间的换算关系是 $1\ e=$__________ C。

3. 真空中有两个点电荷，它们之间的静电力的大小为 F。(1) 保持它们之间距离不变，一个点电荷的电荷量变为原来的 3 倍，它们之间的作用力变为__________；(2) 如果保持它们的电荷量不变，将它们之间的距离增大为原来的 3 倍，它们之间的作用力变为__________。

4. 电场强度的定义式是__________，它适用于任何电场。点电荷电场中某一点的电场强度大小的计算公式是______，它只适用于点电荷的电场。

5. 如图 1-35 所示，M、N、P 的电场中三个点，则__________点的电场最强，__________点的电场最弱；__________点的电势最高，__________点的电势最低。

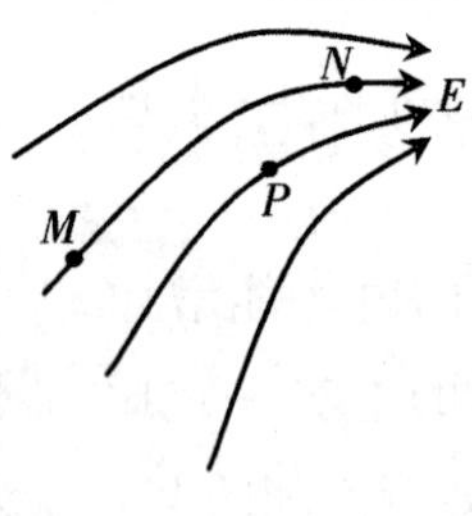

图 1-35

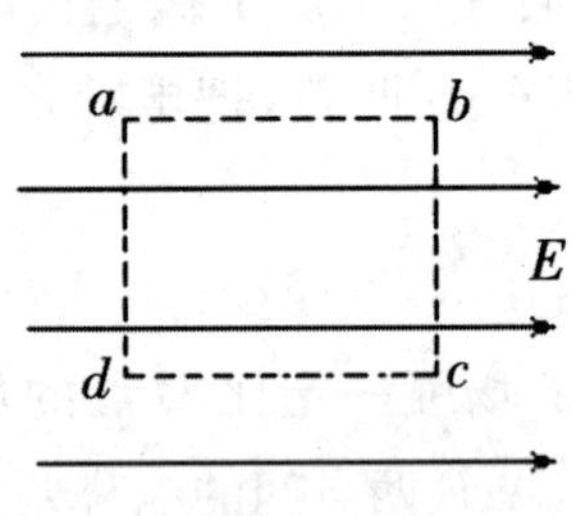

图 1-36

6. 电荷在电场中某一点的电势能与它电荷量的比值，叫作这一点的__________。如果用 φ 表示电势，用 E_p 表示电势能，用 q 表示试探电荷的电荷量，则电势的定义式是____________。在国际单位制中，电势的单位是______，符号是______。

7. 静电力做功和电势差的关系式是____________________________。

8. 处于静电平衡状态的导体内部的电场强度等于__________。

9. 如图 1-36 所示的匀强电场 $E=10^3$ N/C，矩形 $abcd$ 的 ab 边与电场线平行，且 $ab=8$ cm，$bc=5$ cm，将点电荷 $q=4\times10^{-8}$ C 沿矩形 $abcd$ 移动一周，电场力做功__________，ab 两点的电势差为__________，bc 两点的电势差为__________。

10. 电容器的电容的定义式是_______________。电容的国际单位是________，符

号是________。

三、判断题

1. 电场强度是标量，只有大小没有方向。(　　)

2. 电势是矢量，有大小也有方向。(　　)

3. 避雷针是利用尖端放电原理来避免雷击的一种装置。(　　)

4. $1\ \mu F=10^{-6}\ F$，$1\ pF=10^{-12}\ F$。(　　)

5. 电场中的电场线和等势面是客观存在的。(　　)

6. 所有带电体所带电荷量都是元电荷 e 的整数倍。(　　)

7. 当带电粒子的初速度方向和电场强度的方向垂直时，带电粒子将会做匀速直线运动。(　　)

8. 把一个初速度为零的正电荷放在电场中，它在电场力的作用下，由电势高的地方向电势低的地方运动。(　　)

四、计算题

1. 在电场 P 处，有一个 3.2×10^{-15} C 的点电荷，受电场力为 6.4×10^{-13} N，则此处电场强度的大小是多少？若将该点电荷从 P 处移走，那么 P 点处的电场强度的大小是多少？

2. 在某电场中，已知 A、B 两点间电势差 $U_{AB}=20$ V，$q=-3.2\times10^{-9}$ C 的电荷由 A 点移到 B 点，静电力做功多少？电势能是增加还是减少，增加或者减少多少？

3. 一个平行板电容器，电容为 200 pF，充电后两极板间的电压为 160 V，电容器的带电量是多少？

第2章　恒定电流

上一章通过对静电场的学习，我们不仅获得了许多关于电现象的知识，而且掌握了若干重要的电学概念和研究方法，这些都是电学理论的重要基础。

但是，无论在自然界还是在生产生活领域，更广泛存在着的是电荷流动所引起的效应。电荷为什么会流动？电荷流动服从什么规律？电荷流动产生哪些效应？这些问题，都将在本章的学习过程中得到初步解答，并为我们今后的学习奠定基础。

§2.1　电源和电流

雷电现象是一种自然现象，雷鸣电闪时，强大的电流使天空发出耀眼的闪光，但很快就会消失，而手电筒中因通过电流使小灯泡发光，却可以长时间保持。这是为什么呢？

电源　有 A、B 两个导体，分别带正、负电荷。从上一章的内容可以知道，它们的周围存在着电场。如果在它们之间连接一条导线 R，如图 2-1 所示，自由电子便会在静电力的作用下沿导线做定向运动，B 失去电子，A 得到电子，周围电场迅速减弱，A、B 之间的电势差很快消失，两导体成为一个等势体，达到静电平衡。在这种情况下，导线 R 中的电流只是瞬时的。

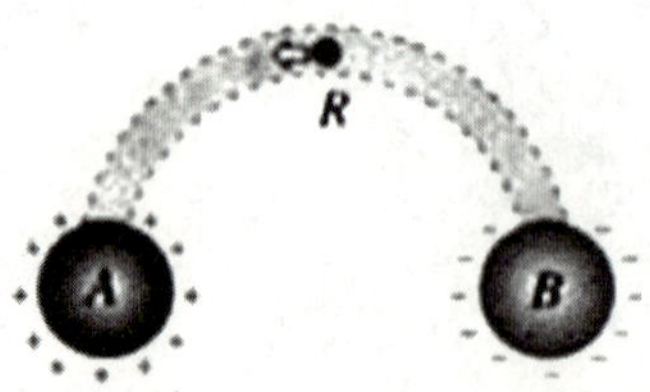

图 2-1　瞬时电流的产生

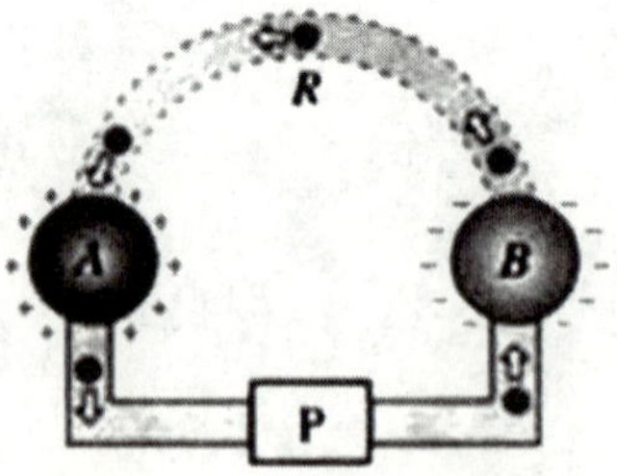

图 2-2　电源的作用

倘若在 A、B 之间连接一个装置 P，它能源源不断地把经过导线 R 流到 A 的电子取走，补充给 B，使 A、B 始终保持一定数量的正、负电荷，这样 A、B 周围的空间（包括导线内）始终存在着一定的电场，A、B 之间便维持着一定的电势差。由于这个电场，自由电子就能不断地由 B 经过 R 向 A 定向移动，使电路中保持持续的电流。图 2-2 中，能把电子从 A 搬运到 B 的装置 P 就是电源，A 和 B 是电源的两个电极，A 叫电源的正极，B 叫电源的负极。耀眼的闪电很快便消失，而手电筒里的灯泡持续发光，这都与是否有电源有关。

常用的电源有干电池和蓄电池，它们可以用相同的符号来表示，如图 2-3 所示。

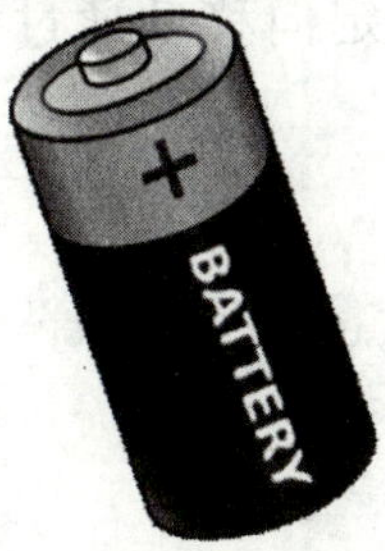

干电池

蓄电池

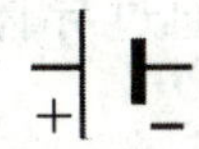

电源符号

图 2-3　电源及其符号

恒定电流　分析表明，A、B 周围的电场是由电源、导线等电路元件所积累的电荷共同形成的。尽管这些电荷也在运动，有的流走了，但另外的又来补充，所以电荷的分布是稳定的，不随时间变化，电场的分布也不随时间变化。这种由稳定分布的电荷所产生的稳定的电场，称为恒定电场。

由于在恒定电场中，任何位置的电荷分布和电场强度都不随时间变化，所以它的基本性质与静电场相同。在静电场中所讲的电势、电势差及其与电场强度的关系等，在恒定电场中同样适用。

由于恒定电场的作用，导体中的自由电荷定向运动的速率增加；而自由电荷在运动过程中会与导体内不动的粒子碰撞而减速，能够使自由电荷定向运动的平均速率不随时间变化。如果我们在这个电路中串联一个电流表（图 2-4），电流表的读数将保持恒定。我们把大小、方向都不随时间变化的电流称为**恒定电流**。本章我们只研究恒定电流。

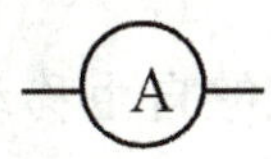

图 2-4　电流表及其符号

电流的强弱程度用**电流**这个物理量表示。电流越大，单位时间内通过导体横截面的电荷量就越多，如果用 I 表示电流、q 表示在时间 t 内通过导体横截面的电荷量，则有

$$I=\frac{q}{t}$$

国际单位制中，电流的单位是安培，简称安，符号是 A，从上述公式可知，1 A=1 C/s。常用的电流单位还有毫安（mA）和微安（μA）

$$1\ \text{mA}=10^{-3}\ \text{A}$$

$$1\ \mu\text{A}=10^{-6}\ \text{A}$$

我们规定正电荷定向移动的方向为电流的方向，那么负电荷定向移动的方向就与电

流的方向相反。

电流是标量。电流的大小表示单位时间内通过导体某一横截面的电荷量。

【例题】导体中的电流是 5 μA，那么在 3.2 s 内有多大的的电荷量定向移动通过导体的横截面，相当于多少个电子通过该截面？

解：已知 $I=5\ \mu\text{A}=5\times10^{-6}\ \text{A}, t=3.2\ \text{s}, e=1.6\times10^{-19}\ \text{C}$

通过导体横截面的电荷量

$$q=It=5\times10^{-6}\ \text{A}\times3.2\ \text{s}=1.6\times10^{-5}\ \text{C}$$

相当的电子数目为

$$n=\frac{q}{e}=\frac{1.6\times10^{-5}\ \text{C}}{1.6\times10^{-19}\ \text{C}}=10^{14}\ \text{个}$$

练习一

1. 1 A=__________ mA=__________ μA。

2. 电荷定向移动形成电流，电流的方向规定为__________移动的方向。金属导体中电子移动的方向与电流方向__________。

3. 一条导线中的电流为 1.6 A，在 1 s 内通过这条导线某一横截面的电子有多少个？

4. 原子中的电子绕原子核的运动可以等效为环形电流。设氢原子的电子以速率 v 在半径为 r 的圆周轨道上绕原子核运动，电子的电荷量为 e，等效电流有多大？

§2.2 电源的电动势

在金属导体中，能够自由移动的电荷是自由电子。由于它们带负电荷，电子在某一方向的定向移动相当于正电荷向相反方向的定向移动。为了方便，下面我们按正电荷移动的说法进行讨论。

在外电路，正电荷由电源正极流向负极。电源之所以能维持外电路中稳定的电流，是因为它有能力把来到负极的正电荷经过电源内部不断地搬运到正极。

由于正、负极总保持一定数量的正、负电荷，所以电源内部总存在着由正极指向负极的电场。在这个电场中，正电荷受到的静电力阻碍它继续向正极移动，因此在电源内要使正电荷向正极移动，就一定要有“非静电力”作用于电荷才行。也就是说，电源把正电荷从负极搬运到正极的过程中，这种非静电力在做功，使电荷的电势能增加。

在电池中，非静电力是化学作用，它使化学能转换为电势能；在发电机中，非静电力是电磁作用，它使机械能转化为电势能。所以，**从能量转化的角度看，电源是通过非静电力做功把其他形式的能转化为电势能的装置。**

电源移动电荷，增加电荷的电势能，这与抽水机抽水增加水的重力势能相似。不同的抽水机工作时，水能够被举起的高度有所不同，即单位质量的水增加的重力势能不同。与此类似，在不同的电源中，非静电力做功的本领也不相同：有些电源，它的两极间的电势差比较大，那是因为它把一定数量的正电荷在电源内部从负极搬运到正极时，非静电力做较多的功，电荷的电势能增加得比较多；而在另一些电源中，非静电力对同样多的电荷只做较少的功，电势能增加得较少，电源两极间的电势差也就比较小。这就是说，不同电源把其他形式的能转化为电势能的本领大小不一样，物理学中用电动势来表明电源的这种特性。

电动势在数值上等于非静电力把 1 C 的正电荷在电源内从负极移送到正极所做的功。如果移送电荷 q 时非静电力所做的功为 W，那么电动势 E 可表示为

$$E=\frac{W}{q}$$

式中 W、q 的单位分别是焦耳(J)、库仑(C)；电动势 E 的单位与电势、电势差的单位相同，是伏特(V)。电动势由电源中非静电力的特性决定，跟电源的体积无关，也跟外电路无关。

电源电动势是标量，它的大小表征电源把其他形式的能转化为电势能本领强弱。生活中常用的 1～7 号干电池的电动势都是 1.5 V，一节蓄电池的电动势一般是 2 V。

电源内部也是由导体组成的，所以也有电阻，这个电阻叫作电源的内阻，通常用 r 表示。内阻和电动势同为电源的重要参数。

练习二

1. 电源是通过__________做功把其他形式的能转化为电势能的装置。

2. 电动势的大小由电源中__________的特性决定，与__________、__________无关。

3. 某电源在电源内部把 3 C 的正电荷从负极搬运到正极，非静电力做了 4.5 J 的功，该电源的电动势是多大？

4. 手电筒中的干电池给某小灯泡供电时，电流为 0.3 A，在某次接通开关的 10 s 时间内，一节干电池中有多少化学能转化为电势能？

§2.3　导体的电阻

欧姆定律　金属导体是最常用的导电材料。在金属导体中，电流的大小与什么因素有关呢？这个问题可以通过实验来进行研究，最后得出正确的结论。对于一段金属导体 A，用电源或其他电路在导体 A 的两端加上电压，导体 A 两端的电压用电压表(图 2-5)测量，通过导体 A 的电流用电流表测量。

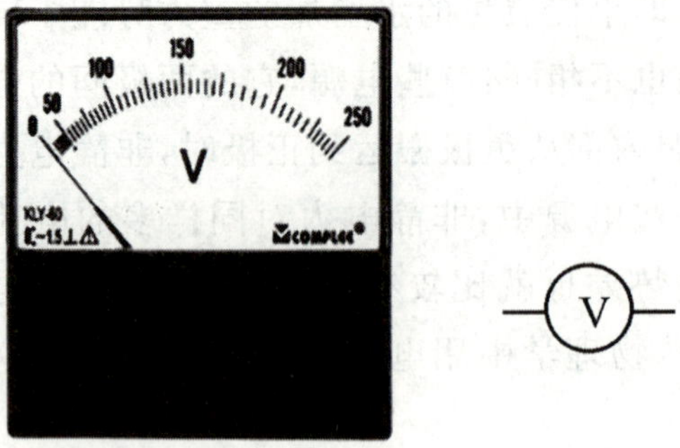

图 2-5　电压表及其符号

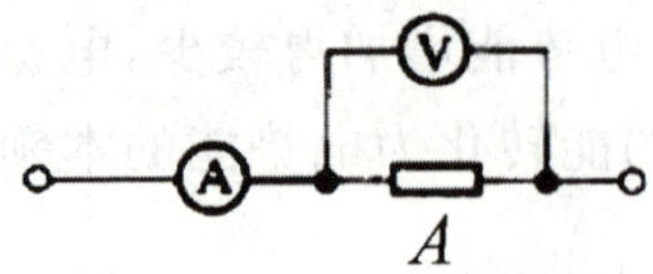

图 2-6　测导体的电压和电流

如图 2-6 所示，改变加在导体 A 两端的电压 U，通过它的电流 I 也随之变化，记下多组不同电压下对应的不同电流值，就可以作出导体 A 的 U-I 图像。把导体 A 换成另一段金属导体 B，用同样的办法也可以作出导体 B 的 U-I 图像。如图 2-7 是根据某实验作出的金属导体 A、B 的 U-I 图像。从图中可以看出，同一段金属导体的 U-I 图像是一条过原点的直线。这表明，同一导体，不管电流、电压怎样变化，电压跟电流的比值都是一个常数，即

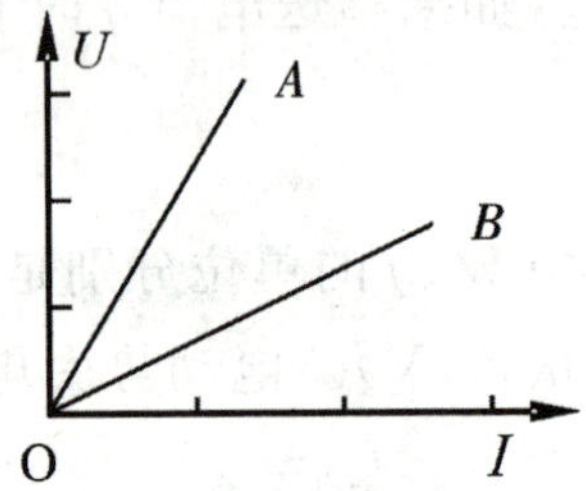

图 2-7　导体 A、B 的 $U-I$ 图像

$$R=\frac{U}{I}$$

常数 R 是一个与通过它的电流无关只跟导体本身性质有关的一个物理量。从以上公式可以看到，在电压 U 相同时，R 越大的导体电流 I 越小。R 的值反映了导体对电流的阻碍作用，所以物理学中把它叫作导体的电阻。图 2-7 中不同导体 U-I 图像的倾斜程度不同，表明不同导体的电阻值 R 不同。有了电阻的概念，我们可以把电压、电流、电阻的关系写成

图 2-8　欧姆(1787—1854)

$$I=\frac{U}{R}$$

上式可以表述为：**导体中的电流跟导体两端的电压 U 成正比，跟导体的电阻 R 成反比。**这个规律是由德国物理学家欧姆(图 2-8)首先发现的，因此就这个物理规律叫作**欧姆定律**。

电阻的单位是**欧姆**，简称**欧**，符号是 Ω。它是根据欧姆定律规定的：如果某段导体两端的电压是 1 V，通过的电流是 1 A，这段导体的电阻就是 1 Ω，所以，1 Ω＝1 V/A。常用的电阻单位还有千欧(kΩ)和兆欧(MΩ)

$$1\ \text{k}\Omega=10^3\ \Omega$$

$$1\ \text{M}\Omega=10^6\ \Omega$$

电阻元件及符号如图 2-9 所示。

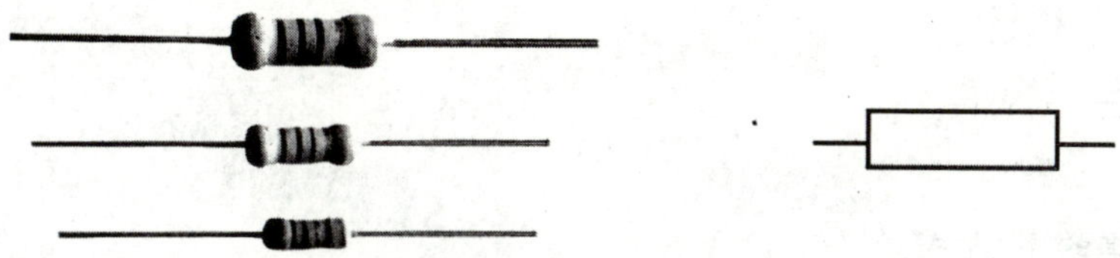

图 2-9　电阻元件及其符号

导体的伏安特性曲线　在实际应用中，常用纵坐标表示电流 I、横坐标表示电压 U，这样画出的 I-U 图像叫作导体的**伏安特性曲线**。对于金属导体，在温度没有显著变化时，电阻几乎是不变的（不随电流、电压改变），它的伏安特性曲线是一条直线，具有这种伏安特性的电学元件叫作**线性元件**。图 2-7 中导体 A、B 的伏安特性曲线如图 2-10 所示。

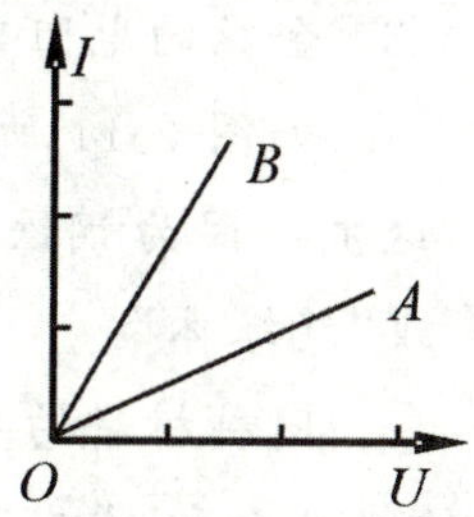

图 2-10　导体 A、B 的伏安特性曲线

欧姆定律是个实验定律，实验中用的都是金属导体。这个结论对其他导体是否适用，仍然需要实验的检验。实验表明，除金属外，欧姆定律对电解质溶液也适用，但对气态导体（如日光灯管、霓虹灯管中的气体）和半导体元件并不适用。也就是说，在这些情况下电流与电压不成正比，这类电学元件叫作**非线性元件**。

导体的电阻　我们知道，导体的电阻只跟导体本身的性质有关，与加在它两端的电压和通过它的电流无关。那么导体的电阻与哪些因素有关呢？可以通过实验进行研究。实验表明：**同种材料的导体，其电阻 R 与它的长度 l 成正比，与它的横截面积 S 成反比；导体电阻还与构成它的材料有关**，这个规律叫**电阻定律**，写成公式为

$$R=\rho\frac{l}{S}$$

式中 ρ 是比例系数，它与导体的材料有关，是表征材料性质的一个重要的物理量。在长度、横截面积一定的条件下，ρ 越大，导体的电阻越大。ρ 叫这种材料的电阻率，它的单位是欧姆·米，符号是 Ω·m。表 2-1 列出了几种导体材料在 20℃时的电阻率。

表 2-1　几种导体材料在 20℃ 时的电阻率

材　料	ρ/(Ω·m)	材料	ρ/(Ω·m)
银	1.6×10^{-8}	铁	1.0×10^{-7}
铜	1.7×10^{-8}	锰铜合金	4.4×10^{-7}
铝	2.9×10^{-8}	镍铜合金	5.0×10^{-7}
钨	5.3×10^{-8}	镍铬合金	1.0×10^{-6}

从上表可以看出，纯净金属的电阻率较小，合金的电阻率较大。连接电路的导线一般用电阻率小的铝或铜来制作，必要时可在导线连接处镀银。

电阻率往往随温度的变化而变化。金属的电阻率随温度的升高而增大。利用铂丝的电阻随温度的变化会发生明显变化的特性可制成电阻温度计。有些合金如锰铜合金和镍铜合金等的电阻率几乎不随温度的变化而变化，所以常用锰铜合金和镍铜合金制作标准电阻。

练习三

1. 欧姆定律的表达式是________________。

2. 除金属外,欧姆定律还适用于________________。

3. 金属的电阻率随温度的升高而________。

4. 如图 2-11 所示,制造电工用的钢丝钳的材料是钢铁和橡胶,这主要因为钢铁是__________,橡胶是__________。(选填"导体"或"绝缘体")

5. 同种材料的导体,其电阻 R 与它的长度 l 成__________,与它的横截面积 S 成__________。(选填"正比"或"反比")

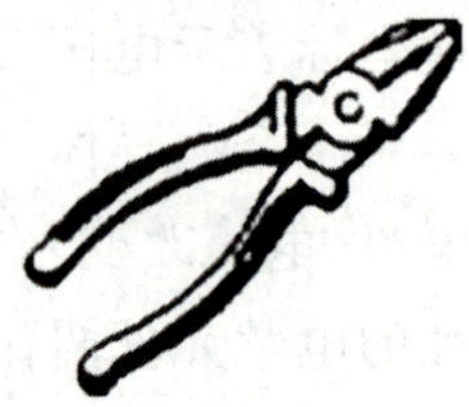

图 2-11

6. 关于电阻和电阻率的说法中,正确的是(　　)。

A. 导体对电流的阻碍作用叫作导体的电阻,因此只有导体中有电流通过时才有电阻

B. 由 $R=\dfrac{U}{I}$ 可知导体的电阻与导体两端的电压成正比,跟导体中的电流成反比

C. 纯金属材料的电阻率一般随温度的升高而增大

D. 将一根导线等分为二,则半根导线的电阻和电阻率都是原来的二分之一

7. 如图 2-12 所示是某导体的伏安特性曲线,由图可知下列说法正确的是(　　)。

A. 导体的电阻是 25 Ω

B. 导体的电阻是 0.05 Ω

C. 当导体两端的电压是 8 V 时,通过导体的电流是 4 A

D. 当通过导体的电流是 0.1 A 时,导体两端的电压是 2 V

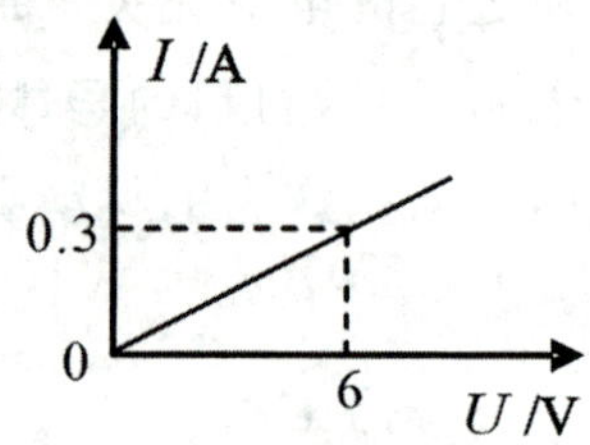

图 2-12　某导体的伏安特性曲线

8. 关于导体的电阻,下列表述正确的是(　　)。

A. 跟导体两端的电压成正比

B. 跟导体中的电流强度成反比

C. 决定于导体的材料、长度和横截面积

D. 决定于导体中的电流强度和电压

9. 已知一个电阻两端的电压是 8 V 时,通过的电流是 2 mA。当通过它的电流是 5 mA时,加在它两端的电压是多大?

10. 某电流表能够测量的最大电流是 50 mA。当在一个 20 Ω 的电阻两端加上 10 V 电压时,能否用这个电流表测量通过这个电阻的电流?

11. 有两根不同材料的金属丝,长度相同,甲的横截面的圆半径和电阻率都是乙的 2 倍,则甲的电阻是乙的电阻的多少倍?

12. 重庆至三峡电站 50 万伏输电线路每条输电线长约 320 千米,输电线电阻率为 $2.7\times10^{-8}\ \Omega\cdot\text{m}$,横截面积为 $0.5\ \text{cm}^2$,估算重庆至三峡电站每条输电线电阻大约为多少。

§2.4　串联电路和并联电路

我们在初中已经知道，把几个导体依次首尾相连，接入电路，这样的连接方式叫作串联，如图 2-13 所示，就是两个灯泡 L_1、L_2 串联后接入电路的；把几个导体的一端连在一起，另一端也连在一起，然后把这两端接入电路，这样的连接方式叫作并联，如图 2-14 所示，就是两个灯泡 B、C 并联后接入电路的。这一节，我们分别研究串联电路和并联电路各部分电流的关系，各部分电压的关系，以及各部分电阻的关系。

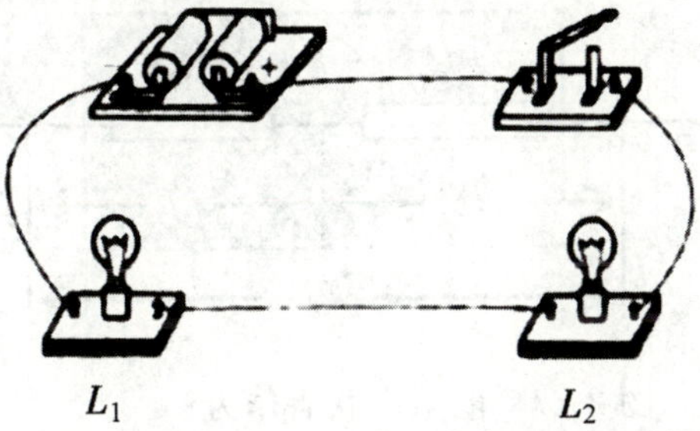

图 2-13　两个灯泡的串联

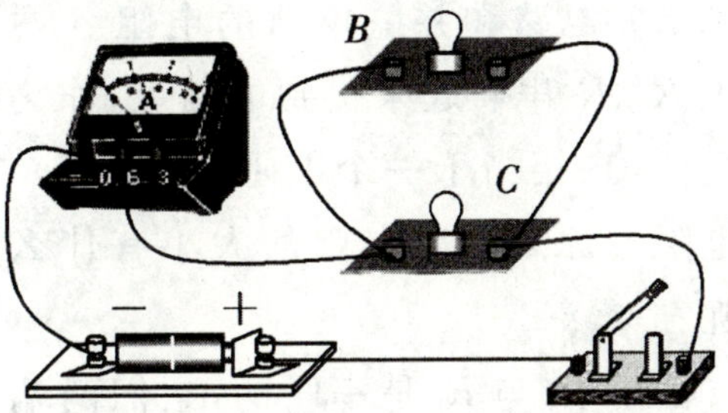

图 2-14　两个灯泡的并联

串联电路和并联电路的电流　我们已经知道，恒定电流电路内各处电荷的分布是稳定的，任何位置的电荷都不可能越来越多或越来越少。在图 2-15 所示的串联电路中，既然电路中各处的电荷分布保持不变，相同时间内通过 0、1、2、3 各点的电荷量必然相等。因此，**串联电路各处的电流相等**，即

$$I_0 = I_1 = I_2 = I_3$$

图 2-15　串联电路

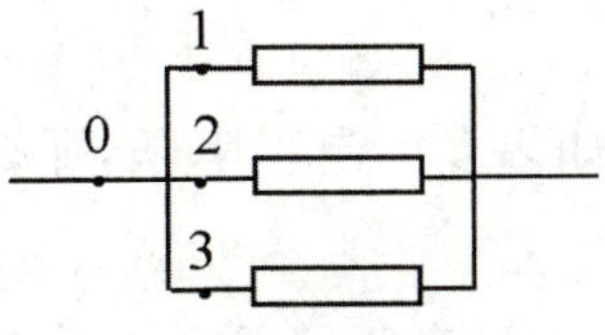

图 2-16　并联电路

在图 2-16 所示的并联电路中，只有在相同时间内流过干路 0 点的电荷量等于进入各支路 1、2、3 各点的电荷量之和，才能保持电路各处的电荷量的分布恒定不变。因此，**并联电路的总电流等于各支路电流之和**，即

$$I_0 = I_1 + I_2 + I_3$$

串联电路和并联电路的电压　在图 2-15 所示的串联电路中，如果以 φ_0、φ_1、φ_2、φ_3 分别表示电路中 0、1、2、3 各点的电势，以 U_{01}、U_{12}、U_{23}、U_{03} 分别表示 0 与 1、1 与 2、2 与 3、0 与 3 的电势差（即电压），那么，从电势差跟电势的关系知道

$$U_{01} = \varphi_0 - \varphi_1, U_{12} = \varphi_1 - \varphi_2, U_{23} = \varphi_2 - \varphi_3$$

因此

$$U_{01}+U_{12}+U_{23}=\varphi_0-\varphi_3$$

另一方面

$$\varphi_0-\varphi_3=U_{03}$$

所以

$$U_{01}+U_{12}+U_{23}=U_{03}$$

即**串联电路两端的总电压等于各部分电路电压之和。**

在图 2-16 所示的并联电路中，不考虑导线的电阻，0、1、2、3 各点之间没有电势差，它们具有相同的电势。同样，几个电阻右边的电势也相同，因此，**并联电路的总电压与各支路电压相等。**如果分别以 U_1、U_2、U_3代表图 2-16 中所示三个电阻两端的电压，则

$$U_1=U_2=U_3=U$$

串联电路和并联电路的电阻 两个电阻 R_1、R_2 串联起来接到电路里，作为一个整体，它相当于一个电阻(图 2-17)，这个电阻与原来两个电阻的大小有什么关系呢?

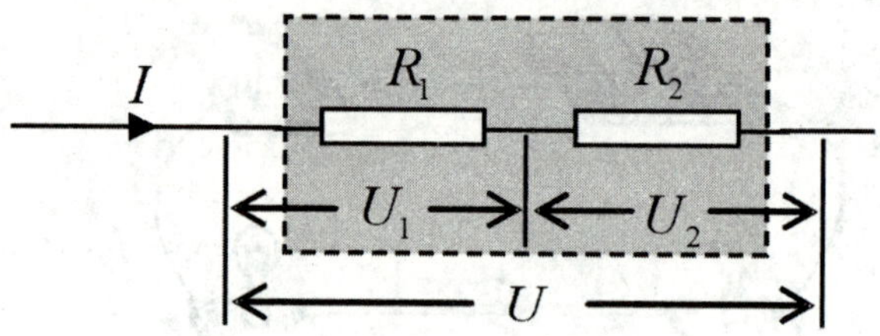

图 2-17 电阻串联后作为一个整体，它相当于一个电阻

由于 R_1 与 R_2 是串联的，它们两端的总电压 U 等于两个电阻上的电压 U_1、U_2 之和，即

$$U=U_1+U_2$$

流过这两个电阻的电流 I 是一样的，上式两边同除以电流 I，于是得到

$$\frac{U}{I}=\frac{U_1}{I}+\frac{U_2}{I}$$

由欧姆定律，可得

$$R=R_1+R_2$$

不难证明，如果多个电阻串联，那么

$$R=R_1+R_2+R_3+\cdots$$

即**串联电路的总电阻等于各部分电路电阻之和。**也就是说，在串联电路中，总电阻大于各部分电路的电阻。

两个电阻 R_1、R_2 并联起来接到电路里，作为一个整体，它相当于一个电阻(图 2-18)，这个电阻的大小与原来两个电阻的大小又是什么关系呢?

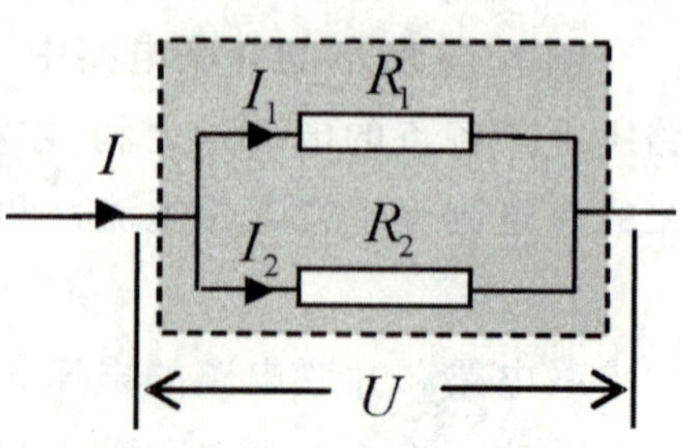

图 2-18 电阻并联后作为一个整体，它相当于一个电阻

由于 R_1、R_2 是并联的，流过它们的总电流 I 等于两个电阻上的电流 I_1、I_2 之和，即

$$I=I_1+I_2$$

两个电阻上的电压 U 是相同的。把上式两边同除以 U，得

$$\frac{I}{U}=\frac{I_1}{U}+\frac{I_2}{U}$$

由欧姆定律，得

$$\frac{1}{R}=\frac{1}{R_1}+\frac{1}{R_2}$$

不难证明，如果多个电阻并联，那么

$$\frac{1}{R}=\frac{1}{R_1}+\frac{1}{R_2}+\frac{1}{R_3}+\cdots$$

即**并联电路总电阻的倒数等于各支路电阻的倒数之和。**可以推出，在并联电路的总电阻小于任一支路的电阻。

当两个电阻 R_1、R_2 并联时，可以推出它们并联的总电阻为 $R_{并}=\frac{R_1R_2}{R_1+R_2}$。

当 n 个阻值都为 R 的电阻并联时，可以推出它们并联的总电阻为 $R_{并}=\frac{R}{n}$。

练习四

1. 串联电路中各处的__________相等。

2. 并联电路的总电流等于__________电流之和。

3. 串联电路的总电阻等于__________电阻之和。

4. 并联电路的总电阻的__________等于各支路电阻的__________之和。

5. 两只电阻的阻值分别是 $R_1=20\ \Omega$，$R_2=30\ \Omega$，将这两只电阻串联后的总电阻等于__________Ω；将这两只电阻并联后的总电阻等于__________Ω。

6. 用阻值分别是 $R_1=10\ \Omega$，$R_2=20\ \Omega$，$R_3=80\ \Omega$ 的三只电阻，适当连接后可以得到 26 Ω 的阻值，正确的连接方法是(　　)。

A. 将三只电阻串联　　B. 将三只电阻并联

C. 先将 R_1 与 R_2 并联后再与 R_3 串联　　D. 先将 R_2 与 R_3 并联后再与 R_1 串联

7. 三个阻值分别为 4 Ω，6 Ω，12 Ω 的电阻，以不同方式进行组合连接，获得的总电阻的最大值和最小值分别为(　　)。

A. 22 Ω 和 4 Ω　　B. 22 Ω 和 2 Ω

C. 18 Ω 和 4 Ω　　D. 18 Ω 和 2 Ω

8. 三个 3 Ω 的定值电阻通过不同的连接可以得到以下哪些阻值(　　)。

A. 2 Ω　　B. 3 Ω　　C. 4 Ω　　D. 5 Ω

9. 有三个电阻，$R_1=2\ \Omega$，$R_2=3\ \Omega$，$R_3=4\ \Omega$，现把它们并联起来接入电路，则通过它们的电流之比为 $I_1:I_2:I_3$ 是(　　)。

A. 6∶4∶3　　B. 3∶4∶6

C. 2∶3∶4　　D. 4∶3∶2

10. 下列说法不正确的是(　　)。

A. 两个电阻串联,若其中一个电阻增大,则总电阻增大

B. 两个电阻并联,若其中一个电阻增大,则总电阻增大

C. 100 Ω 与 1 Ω 的电阻并联,总电阻接近 1 Ω,且略小于 1 Ω

D. 导体两端的电压越大,其电阻就越大

11. 已知 $R_1=15\ \Omega$,$R_2=25\ \Omega$,它们两个串联后接在 $U=40$ V 的电源上,求每个电阻两端的电压。

12. 已知两个电阻 R_1、R_2 并联后的总电阻 $R=2.4\ \Omega$,若 $R_1=6\ \Omega$,求 R_2 是多大?

13. 给你三个阻值都等于 8 Ω 的电阻,你有几种不同的连接法?试作图表示,并分别求出他们的总电阻。

14. 已知 $R_1=6\ \Omega$,$R_2=3\ \Omega$,$R_3=4\ \Omega$,A、B 端的总电压为 6 V,把它们接成图 2-19 所示电路,求

(1) 它们的总电阻;

(2) 每个电阻两端电压;

(3) 通过每个电阻的电流。

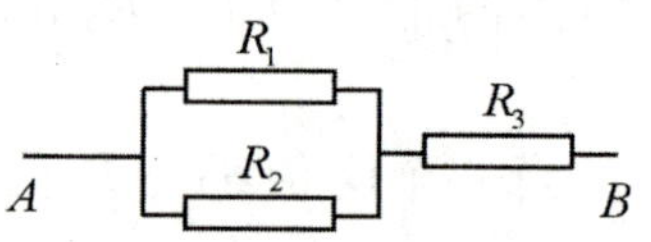

图 2-19

§2.5　焦耳定律

通过前面的学习我们知道,电源是通过非静电力做功把其他形式的能转化为电势能的装置。那么,当电源向外电路供电时,必然是通过静电力做功将电势能向其他形式的能进行转化的过程。在这个过程中,怎么计算静电力的做功情况呢?

电功和电功率　电炉通电时,电能转化为内能;电动机通电时,电能转化为机械能;蓄电池充电时,电能转化为化学能。我们已经知道,功是能量转化的量度,电能转化为其他形式能的过程就是电流做功的过程,电流做功的多少等于电能转化为其他形式能的多少。

电流做功,实质上是导体中的恒定电场对自由电荷的静电力在做功。自由电荷在静电力作用下沿静电力的方向做定向移动,结果电荷的电势能减小,其他形式的能增加。

电流做的功,简称**电功**,用 W 表示。

图 2-20 表示很小一段电路,电荷在做从左向右的定向移动,它们从这段电路的左端移到右端所用的时间记为 t。根据第一节的分析,在这段时间内通过这段电路的电荷总量为

图 2-20　推导电流做功的表达式

$$q=It$$

如果这段电路左右两端的电势差是 U,在电荷 q 从左端移到右端的过程中,静电力做的功是 $W=qU$。把 $q=It$ 代入,得

$$W=IUt$$

这表示，**电流在一段电路中所做的功等于这段电路两端的电压 U、电路中的电流 I、通电时间 t 三者的乘积。**

单位时间内电流所做的功叫作电功率。用 P 表示电功率，则有 $P=\frac{W}{t}$，进而得到

$$P=IU$$

这表示**电流在一段电路上做功的功率 P 等于电流 I 与这段电路两端的电压 U 的乘积。**

在以上两个公式中，电流、电压、时间的单位分别是安培(A)、伏特(V)、秒(s)，电功、电功率的单位分别是焦耳(J)和瓦特(W)。

电功的国际单位是焦耳(J)，它的常用单位是千瓦时(kW·h)。1 千瓦时就是电功率为 1 千瓦的用电器工作 1 小时电流所做的功，也就是我们常说的 1 度。

电流做功的多少(也就是消耗了多少电能)用电能表进行测量，电流做功的功率用功率表进行测量。如图 2-21 是电能表和功率表的实物图。

图 2-21　电能表和功率表

焦耳定律　电流做功时，消耗的是电能。究竟电能会转化为哪种形式的能，要看电路中具有哪种类型的元件。

电流通过白炽灯、电炉等纯电阻元件时，通过电流做功，电能全部转化为导体的内能。电流在这段电路中做的功等于这段电路发出的热量 Q，即

$$Q=W=IUt$$

由欧姆定律 $U=IR$，代入上式后可得热量 Q 的表达式

$$Q=I^2Rt$$

即**电流通过导体产生的热量跟电流的二次方成正比，跟导体的电阻及通电时间成正比。**这个关系式最初是由英国物理学家焦耳(图 2-22)用实验直接得到的，我们把它叫作**焦耳定律。**

图 2-22　焦耳
(1818～1889)

单位时间内的发热量通常称为热功率，$P=\frac{Q}{t}$。由上式可得热功率的表达式

$$P=I^2R$$

在应用以上这些公式时，需要注意每个公式的含义和推导的前提，应根据具体情况选择合适的公式。当电流通过白

炽灯、电炉等纯电阻元件时，电流所做的功全部变成了热能，也就是电能全部转化为内能，此时，$Q=W=IUt=I^2Rt=\frac{U^2}{R}t$，$P_{电}=P_{热}=IU=I^2R=\frac{U^2}{R}$。如果电路中有电动机或者正在充电的电池等非纯电阻元件，那么电能除了转化为内能外，还转化为机械能或化学能等其他形式能，$W>Q$，此时电功 $W=IUt$，热量 $Q=I^2Rt$，$W-Q=IUt-I^2Rt$ 就是转化为机械能或化学能等其他形式能的多少；电功率 $P_{电}=IU$，热功率 $P_{热}=I^2R$，$P_{电}-P_{热}=IU-I^2R$就是转化为机械能或化学能等其他形式能的功率。

【例题】一个电动机，线圈电阻是 0.4 Ω，当它两端所加的电压为 220 V 时，通过的电流是 5 A。这台电动机每分钟所做的机械功有多少？

解：本题涉及三个不同的功率：电动机消耗的电功率 $P_{电}$，电动机发热的功率 $P_{热}$，转化为机械能的功率 $P_{机}$。三者之间遵从能量守恒定律，即

$$P_{电}=P_{热}+P_{机}$$

由焦耳定律，电动机的发热功率为

$$P_{热}=I^2R$$

电动机消耗的电功率，即电流做功的功率

$$P_{电}=IU$$

因此可得电能转化为机械能的功率，即电动机所做机械功的功率

$$P_{机}=P_{电}-P_{热}=IU-I^2R$$

根据功率与做功的关系，电动机每分钟所做的机械功为

$$\begin{aligned} W=P_{机}t &=(IU-I^2R)t \\ &=(5\times220-5^2\times0.4)\times60\ \mathrm{J} \\ &=6.54\times10^4\ \mathrm{J} \end{aligned}$$

练习五

1. 电流在一段电路中所做的功等于这段电路两端的__________、电路中的__________、通电时间三者的乘积，用公式表示为________________。

2. 电流在一段电路上做功的功率等于__________与这段电路两端__________的乘积，用公式表示为________________。

3. 英国物理学家焦耳通过一系列实验发现，电流发热具有下述规律：电流通过导体产生的热量跟__________的二次方成正比，跟导体的__________及通电的__________成正比。这个规律叫作焦耳定律。焦耳定律的表达式为________________。

4. 单位时间内的发热量通常称为__________，热功率用公式表示为________________。

5. 下列电器中，不能够将电能转化为机械能的是（　　）。

A. 电风扇　　B. 日光灯　　C. 洗衣机　　D. 电动机

6. 如果家里的微波炉(1000 W)、电视机(100 W)和洗衣机(400 W)平均每天都工作 1 h，一个月(30 天计)的用电量是（　　）。

A. 10 kW · h　　B. 20 kW · h

C. 45 kW · h　　D. 40 kW · h

7. 一个白炽灯"220 V　100 W"，正常工作时，1 分钟内产生的热量为(　　)。

A. 100 J　　B. 22000 J

C. 6000 J　　D. 60 J

8. 电动机正常工作时(　　)。

A. 电能全部转化为内能

B. 电能全部转化为机械能

C. 电能主要转化为机械能，只有一小部分转化为内能

D. 电功率等于机械功率和热功率之差

9. 对于正常工作的电风扇和电饭锅，下列说法中正确的是(　　)。

A. 电风扇和电饭锅消耗的电能均大于各自产生的内能

B. 电风扇和电饭锅消耗的电能均等于各自产生的内能

C. 电风扇消耗的电能大于产生的内能，电饭锅消耗的电能等于产生的内能

D. 电风扇消耗的电能等于产生的内能，电饭锅消耗的电能大于产生的内能

10. 关于电功、电功率、电热、热功率、焦耳定律的说法正确的是(　　)。

A. 电功率越大，电流做功越快，电路中产生的焦耳热一定越多

B. 计算电功时，用 $W=IUt$ 适用于任何电路，而用 $W=I^2Rt=\frac{U^2}{R}t$ 只适用于纯电阻的电路

C. 对于电动机电功率和热功率的关系有 $IU=I^2R$

D. 电功与电热的关系 $IUt=I^2Rt=\frac{U^2}{R}t$ 适用于任何电路

11. 一直流电动机正常工作时两端的电压为 U，通过的电流为 I，电动机线圈的电阻为 r，该电动机正常工作时，下列说法不正确的是(　　)。

A. 电动机消耗的电功率为 IU

B. 电动机输出的机械功率为 $IU-I^2r$

C. 电动机的发热功率为 I^2r

D. U、I、r 三个量间满足 $U=Ir$

12. 一个 10 Ω 的电阻与一个 20 Ω 的电阻串联后接在 30 V 的电源上，两个电阻消耗的电功率各是多少？

13. 我国的家用电压为 220 V。小强家的电炉的电阻为 1 100 Ω，则在正常工作时通过电炉的电流为多少？每分钟电炉产生的热量是多少？

14. 电动汽车成为未来汽车发展的方向。若汽车所用电动机两端的电压为 380 V，电动机线圈的电阻为 2 Ω，通过电动机的电流为 10 A，则电动机工作 10 min 消耗的电能为多少焦？产生的热量是多少焦？

§2.6 闭合电路的欧姆定律

闭合电路的欧姆定律 只有用导线把电源、用电器连成一个**闭合电路**，电路中才有电流。如图 2-23 所示，用电器、导线组成**外电路**，电源内部是**内电路**。

在外电路中，正电荷在恒定电场的作用下由正极移向负极；在电源内部，非静电力把正电荷由负极移到正极。

正电荷在静电力的作用下从电势高的位置向电势低的位置移动，而电路中正电荷定向移动的方向就是电流的方向，所以**在外电路中，沿电流方向电势降低。**外电路上总的电势降落，叫作**外电压**，习惯上也叫**路端电压**。

内电路的情况比较复杂，一方面，由于有非静电力做功，正电荷从低电势的负极移向高电势的正极，在这个过程中电势是升高的；另一方面，由于电源内部存在电阻（称作**内阻**），正电荷从负极移向正极的过程中也会存在电势的降低。我们把内阻上的电势降落叫作**内电压**。

按图 2-23 连接电路，可以研究内电压与外电压之间的关系，其中电压表甲测量的是外电压 $U_{外}$，电压表乙测量的是内电压 $U_{内}$。改变滑动变阻器的数值，可以看到 $U_{外}$、$U_{内}$ 都会发生变化，$U_{外}$ 升高，则 $U_{内}$ 降低；$U_{外}$ 降低，则 $U_{内}$ 升高。不管 $U_{外}$、$U_{内}$ 如何变化，它们的和是不变的，总等于电源的电动势，即

$$E=U_{外}+U_{内}$$

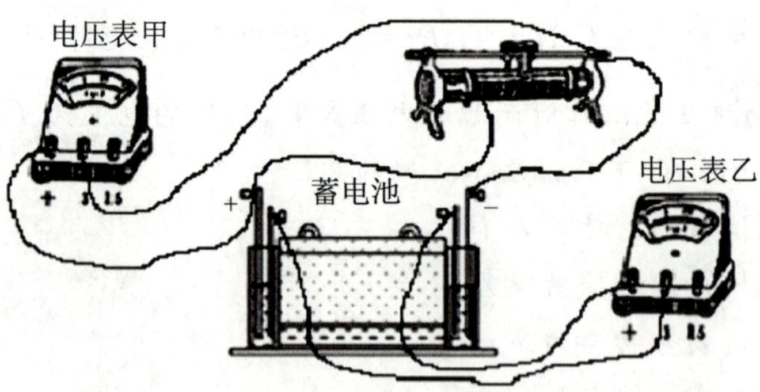

图 2-23 研究内电压、外电压之间的关系

这就是说，电源的**电动势等于内、外电路电压之和。**

如果外电路的电阻为 R，内电路的电阻为 r，根据欧姆定律，有

$$U_{外}=IR$$

$$U_{内}=Ir$$

也就是

$$E=IR+Ir$$

则

$$I=\frac{E}{R+r}$$

上式表示：**闭合电路的电流跟电源的电动势成正比，跟内、外电路的电阻之和成反比。**这个结论叫作**闭合电路欧姆定律。**

电源的种类很多，形成非静电力的机理也不一样。但是对于所有电源，上式所表示的闭合电路的欧姆定律都是成立的。

路端电压与负载的关系 电路中，消耗电能的元件常常称为负载，负载变化时，电路中的电流就会变化，路端电压也随之变化。

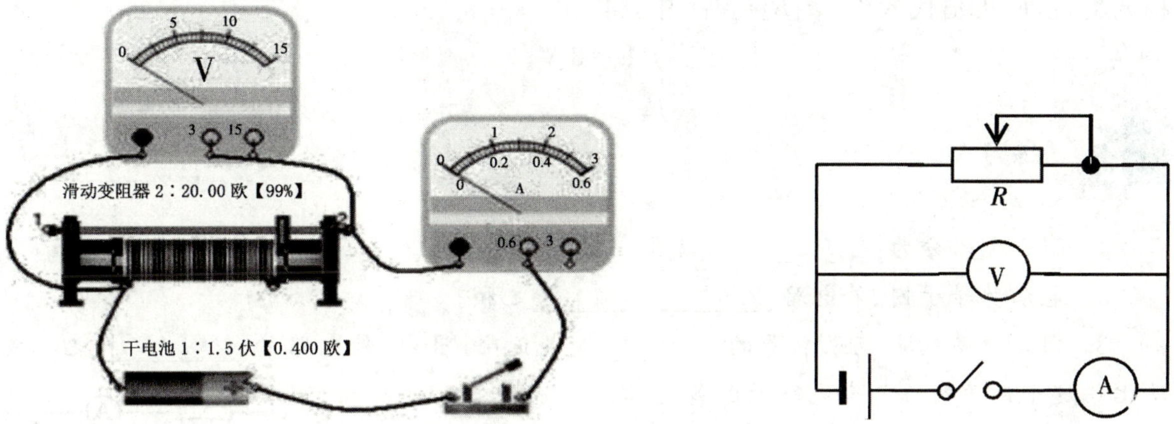

图 2-24 研究路端电压的实际电路和电路图

按图 2-24 连接电路，可以研究路端电压与负载的关系。结果发现，当外电阻 R 增大时，电流减小，路端电压增大；当外电阻 R 减小时，电流增大，路端电压减小。我们可以用闭合电路的欧姆定律定量地解释这个现象。

路端电压实际上就是外电压 $U_{外}$，为方便起见，简单地记为 U。考虑到 $U_{内}=Ir$，可以得到路端电压的表达式

$$U=E-Ir$$

就某个电源来说，电动势 E 和内阻 r 是一定的。当外电阻 R 增大时，根据闭合电路欧姆定律可知电流 I 减小，因而内电路的电势降落，$U_{内}=Ir$ 减小。由上式可知，这时路端电压 U 增大。相反，当外电阻 R 减小时，电流 I 增大，路端电压 U 减小。

下面讨论两种特殊情况：

(1) 当外电路断开时，I 变为 0，Ir 也变为 0，此时 $U=E$。这就是说，**断路时的路端电压等于电源电动势**，我们常根据这个道理测量电源的电动势。

(2) 当电源两端短路时，外电阻 $R=0$。此时的电流 $I=\frac{E}{r}$。电源的内阻 r 一般都很小，例如，铅蓄电池的内阻只有 0.005～0.1 Ω，干电池的内阻通常也不到 1 Ω，所以短路时电流很大。电流过大会烧坏电源，甚至引起火灾。因此，绝对不允许将电源两端用导线直接连接在一起。

【例题】在图 2-25 中，$R_1=14\ \Omega$，$R_2=9\ \Omega$。当开关处于位置 1 时，电流表读数 $I_1=0.2$ A；当开关处于位置 2 时，电流表读数 $I_2=0.3$ A。求电源的电动势 E 和内阻 r。

解： 根据闭合电路的欧姆定律和题述的两种情况，可以列出下面两个方程

$$E=I_1R_1+I_1r$$
$$E=I_2R_2+I_2r$$

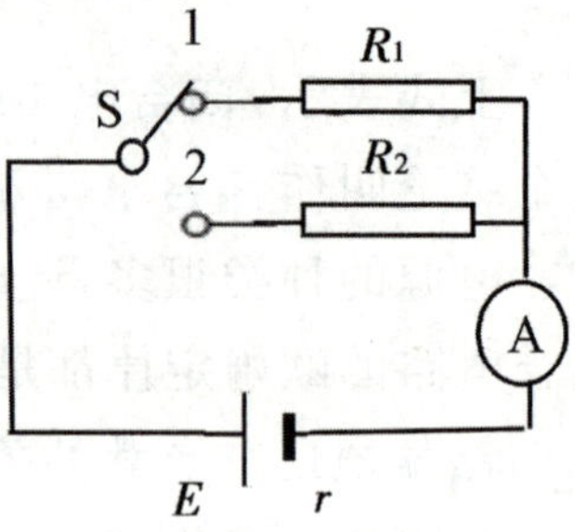

图 2-25

消去 E，解出 r，得

$$r=\frac{I_1R_1-I_2R_2}{I_2-I_1}$$

代入数值，得

$$r=1\ \Omega$$

将 r 及 I_1、R_1 的值代入 $E=I_1R_1+I_1r$ 中，得

$$E=3\ \text{V}$$

练习六

1. 闭合电路分为________电路和________电路。

2. 电动势等于内、外电路____________之和。

3. 闭合电路的电流跟电源的________成正比，跟内、外电路的________之和成反比。这个结论叫作闭合电路的欧姆定律。

4. 在如图 2-26 所示的电路中，电阻 $R=2.0\ \Omega$，电源的内电阻 $r=1.0\ \Omega$，不计电流表的内阻。闭合开关 S 后，电流表的示数为 0.5 A，则电源的电动势 E 等于(　　)。

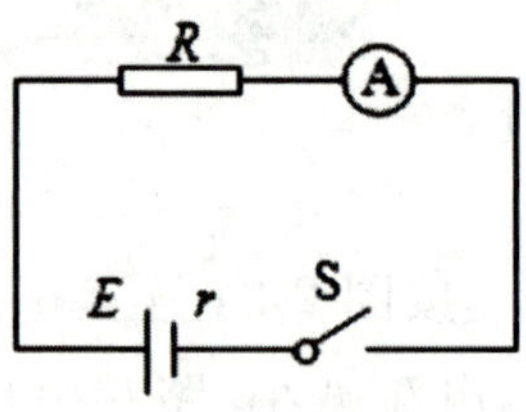

图 2-26

A. 3.0 V　　B. 2.5 V

C. 2.0 V　　D. 1.5 V

5. 在如图 2-27 所示的电路中，已知电源的电动势 $E=1.5$ V，内电阻 $r=1.0\ \Omega$，电阻 $R=2.0\ \Omega$。闭合开关 S 后，电阻 R 两端的电压等于(　　)。

A. 0.50 V　　B. 0.75 V　　C. 1.0 V　　D. 1.5 V

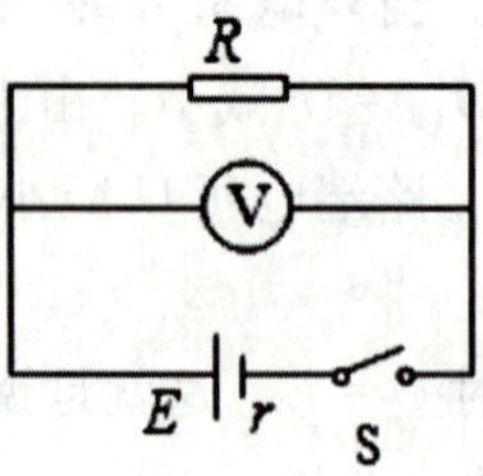

图 2-27

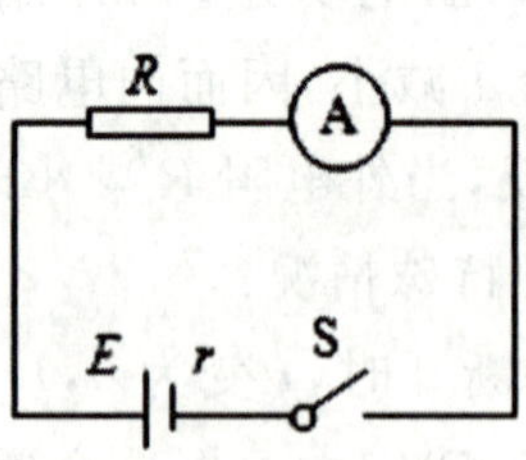

图 2-28

6. 在如图 2-28 所示的电路中，电源的电动势 $E=1.5$ V，内电阻 $r=1.0\ \Omega$，电阻 $R=4.0\ \Omega$，不计电流表的内阻。闭合开关 S 后，电流表的示数为(　　)。

A. 1.5 A　　B. 0.5 A　　C. 0.4 A　　D. 0.3 A

7. 关于闭合电路，下列说法中正确的是(　　)。

A. 闭合电路中，电流越大，电源的路端电压就越大

B. 闭合电路中，外电阻越大，电源的路端电压就越大

C. 闭合电路中，电流总是从电势高的地方流向电势低的地方

D. 闭合电路中，当电源短路时，电流为无穷大

8. 一个电源接 8 Ω 电阻时，通过电源的电流为 0.15 A；接 13 Ω 电阻时，通过电源的电流为 0.10 A。求电源的电动势和内阻。

9. 许多人造卫星都用太阳能电池供电，太阳能电池由许多片电池板组成。某电池板不接负载时的电压是 600 μV，短路电流是 30 μA。求这块电池板的内阻。

10. 一电池外电路断开时的路端电压为 3 V，接上 8 Ω 的负载电阻后路端电压降为 2.4 V。求电源的电动势和内阻。

本章知识小结

1. 电流 电荷的定向移动形成电流。回路中存在自由电荷是形成电流的内因，电压是导体中形成电流的外因，导体两端有持续电压是导体中形成持续电流的条件。

通过导体横截面的电荷量 q 跟通过这些电荷所用时间 t 的比值称为**电流**。用公式表示为

$$I=\frac{q}{t}$$

电流的国际单位是安培，简称安(A)，是国际单位制中七个基本单位之一。

电流是标量。

2. 电源电动势 电动势在数值上等于非静电力把 1 C 的正电荷在电源内从负极移送到正极所做的功。如果移送电荷 q 时非静电力所做的功为 W，那么电动势 E 表示为

$$E=\frac{W}{q}$$

式中 W、q 的单位分别是焦耳(J)、库仑(C)；电动势 E 的单位与电势、电势差的单位相同，是伏特(V)。电动势由电源中非静电力的特性决定，跟电源的体积无关，也跟外电路无关。电源内部也是由导体组成的，所以也有电阻，这个电阻叫作**电源的内阻**，通常用 r 表示。内阻和电动势同为电源的重要参数。

3. 欧姆定律 导体中的电流跟导体两端的电压 U 成正比，跟导体的电阻 R 成反比。这个物理规律叫作**欧姆定律**。欧姆定律的表达式为

$$I=\frac{U}{R}$$

电阻的单位是**欧姆**，简称**欧**，符号是 Ω。它是根据欧姆定律规定的：如果某段导体两端的电压是 1 V，通过的电流是 1 A，这段导体的电阻就是 1 Ω，所以，1 Ω=1 V/A。常用的电阻单位还有**千欧**(kΩ)和**兆欧**(MΩ)：

$$1\ \text{k}\Omega=10^3\ \Omega$$

$$1\ \text{M}\Omega=10^6\ \Omega$$

除金属外，欧姆定律对电解质溶液也适用，但对气态导体(如日光灯管、霓虹灯管中的气体)和半导体元件并不适用。

4. 电阻定律 同种材料的导体，其电阻 R 与它的长度 l 成正比，与它的横截面积 S 成反比；导体电阻还与构成它的材料有关，这个规律叫**电阻定律**，写成公式为

$$R=\rho\frac{l}{S}$$

式中 ρ 是比例系数，它与导体的材料有关，是表征材料性质的一个重要的物理量。在长度、横截面积一定的条件下，ρ 越大，导体的电阻越大。ρ 叫这种材料的**电阻率**，它的单位是欧姆·米，符号是 Ω·m。

电阻率往往随温度的变化而变化。金属的电阻率随温度的升高而增大。利用铂丝的电阻随温度的变化也明显变化的特性可制成电阻温度计。有些合金如锰铜合金和镍铜合金等的电阻率几乎不随温度变化而变化，所以常用锰铜合金和镍铜合金制作标准电阻。

5. 串联电路和并联电路 串联电路各处的电流相等，即 $I=I_1=I_2=I_3=\cdots$；并联电路的总电流等于各支路电流之和，即 $I=I_1+I_2+I_3+\cdots$。

串联电路两端的总电压等于各部分电路电压之和，即 $U_1+U_2+U_3+\cdots=U$；并联电路的总电压与各支路电压相等，即 $U_1=U_2=U_3=\cdots=U$。

串联电路的总电阻等于各部分电路电阻之和，即 $R=R_1+R_2+R_3+\cdots$；并联电路总电阻的倒数等于各支路电阻的倒数之和，即 $\frac{1}{R}=\frac{1}{R_1}+\frac{1}{R_2}+\frac{1}{R_3}+\cdots$。

6. 电功与电功率 电流在一段电路中所做的功等于这段电路两端的电压 U、电路中的电流 I、通电时间 t 三者的乘积。用公式表示为：$W=IUt$。电功的国际单位是焦耳(J)，常用单位是千瓦时(kW·h)，1 kW·h=3.6×10^6 J。

单位时间内电流所做的功叫作**电功率**。用公式表示为：$P=IU$。电功率的国际单位是瓦特(W)，常用单位是千瓦(kW)。

7. 焦耳定律 电流通过导体产生的热量跟电流的二次方成正比，跟导体的电阻成正比，跟通电时间成正比，这就是**焦耳定律**。用公式表示为：$Q=I^2Rt$。

单位时间内的发热量通常称为**热功率**。用公式表示为：$P=I^2R$。

8. 电功和电热 电功是指输入某段电路的全部电能，或这段电路上消耗的全部电能：$W=IUt$。电热是指在这段电路上因发热而消耗的电能：$Q=I^2Rt$。

从能量转化的角度分析，电功与电热的数量关系为：$W\geqslant Q$，即 $IUt\geqslant I^2Rt$。

在纯电阻电路中，如白炽灯、电炉、电熨斗、电饭锅、电烙铁等构成的电路，电流做功全部转化为内能，电功等于电热，即 $W=Q$，在计算电功和电热、电功率和热功率时，可采用公式

$$Q=W=IUt=I^2Rt=\frac{U^2}{R}t,\ P_{电}=P_{热}=IU=I^2R=\frac{U^2}{R}$$

在非纯电阻电路中，如含有电动机、电解槽、正在充电的电池、日光灯等构成的电路，电流做功除了一部分转化为内能外，还有一部分转化为机械能或化学能等其他形式的能，此时有 $W>Q$。此种情况下，电功只能用公式 $W=IUt$ 进行计算，电功率只能用公式 $P=IU$ 进行计算；电热只能用公式 $Q=I^2Rt$ 计算，热功率只能用公式 $P=I^2R$ 进行计算。$IU-I^2R$ 是转化为机械能或化学能等其他形式能的功率。

9. 闭合电路的欧姆定律　闭合电路的电流跟电源的电动势成正比，跟内、外电路的电阻之和成反比。这个结论叫作**闭合电路的欧姆定律。**用公式表示为

$$I=\frac{E}{R+r}$$

或者

$$E=IR+Ir$$

外电路两端的电压叫**路端电压**，用 U 表示，路端电压的计算公式是：$U=E-Ir$。

当外电路断开时，I 变为 0，Ir 也变为 0，此时 $U=E$。即**断路时的路端电压等于电源电动势。**

当电源两端短路时，外电阻 $R=0$，此时的电流叫**短路电流**，$I_{短}=\frac{E}{r}$。

阅读园地

直流电及其应用

方向不随时间作周期性变化的电流，叫直流电。

一、直流电的应用历史

在早期，工程师们主要致力于研究直流电，发电站的供电范围也有限，而且主要用于照明，还未用作工业动力。例如，1882 年爱迪生电气照明公司（创建于 1878 年）在纽约建立了第一座发电站，安装了三台 110 伏"巨汉"号直流发电机，如图 2-29 所示，这是爱迪生于 1880 年研制的，这种发电机可以为 1500 个 16 瓦的白炽灯供电。

图 2-29　直流发电机

但是随着科学技术和工业生产发展的需要，电力技术在通信、运输、动力等方面逐渐得到广泛应用，社会对电力的需求也急剧增加。由于用户的电压不能太高，因此要输送一定的功率，就要加大电流（$P=IU$）。而电流愈大，输电线路发热就愈厉害，损失的功率就愈多；而且电流大，损失在输电导线上的电压也大，使用户得到的电压降低，离发电站愈远的用户，得到的电压也就愈低。直流输电的弊端，限制了电力的应用，促使人们探讨用交流输电的问题。爱迪生虽然是一个伟大的发明家，但是他没有受过正规教育，缺乏理论知识，难以解决交流电涉及到的数学运算，阻碍了他对交流电的理解，所以在交、直流输电的争论中，成了保守势力的代表。爱迪生认为交流电危险，不如直流电安全。他还打比方说，沿街道敷设交流电缆，简直等于埋下地雷，并且邀请人们和新闻记者，观看用高压交流电击死野狗、野猫的实验。那时纽约州立法院通过了一项法令，用电刑来执行死刑。行刑用的电椅就是通以高压交流电，这正好帮了爱迪生的大忙，在他的反对下，交流电遇到了很大的阻碍。

但是为了减少输电线路中电能的损失，只能提高电压。在发电站将电压升高，到用户地区再把电压降下来，这样就能在低损耗的情况下，达到远距离送电的目的。而要改变电压，只有采用交流输电才行。1885 年，由费朗蒂设计的伦敦泰晤士河畔的大型交流电站开始输电，他用钢皮铜心电缆将 1 万伏的交流电送往相距 10 km 外的市区变电站，在这里降为 2 500 伏，再分送到各街区的二级变压器，降为 100 伏供用户照明。此后，俄国的多利沃——多布罗沃斯基又于 1889 年最先制出了功率为 100 瓦的三相交流发电机，并被德国、美国推广应用。事实成功地证实了高压交流输电的优越性。并在全世界范围内迅速

推广。

二、直流电的优点

在电力传输上，19 世纪 80 年代以后，由于不方便将直流电低电压升至高电压进行远距离传输，直流输电曾让位于交流输电。20 世纪 60 年代以来，由于采用高电压、大功率变流器将直流电变为交流电，直流输电系统又重新受到重视并获得新的发展。中国直流输电情况如图 2-30 所示。

图 2-30　中国直流输电工程

1. 输送相同功率时，直流输电所用线材仅为交流输电的 1/2～2/3。

直流输电采用两线制，以大地或海水作回线，与采用三线制三相交流输电相比，在输电线横截面积相同和电流密度相同的条件下，即使不考虑趋肤效应，也可以输送相同的电功率，而输电线和绝缘材料可节约 1/3。

如果考虑到趋肤效应和各种损耗（绝缘材料的介质损耗、磁感应的涡流损耗、架空线的电晕损耗等），输送同样功率交流电所用导线横截面积大于或等于直流输电所用导线的截面积的 1.33 倍，因此，直流输电所用的线材几乎只有交流输电的一半。同时，直流输电杆塔结构也比同容量的三相交流输电简单，线路走廊占地面积也少。

2. 在电缆输电线路中，直流输电没有电容电流产生，而交流输电线路存在电容电流，引起损耗。

在一些特殊场合，必须用电缆输电。例如，高压输电线经过大城市时，采用地下电缆；输电线经过海峡时，要用海底电缆。由于电缆芯线与大地之间构成同轴电容器，在交流高压输电线路中，空载电容电流极为可观。一条 200 kV 的电缆，每千米的电容约为 0.2 μF，每千米需供给充电功率约 3×10^3 kW，在每千米输电线路上，每年就要耗电 2.6×10^7 kW/h，而在直流输电中，由于电压波动很小，基本上没有电容电流加在电缆上。

3. 直流输电时，其两侧交流系统不需同步运行，而交流输电必须同步运行。

交流远距离输电时，电流的相位在交流输电系统的两端会产生显著的相位差；并网的各系统交流电的频率虽然规定统一为 50 Hz，但实际上常产生波动。这两种因素引起交流系统不能同步运行，需要用复杂庞大的补偿系统和综合性很强的技术加以调整，否则就可能在设备中形成强大的循环电流损坏设备，或造成不同步运行的停电事故。在技术不发达的国家，交流输电距离一般不超过 300 km，而直流输电线路互连时，它两端的交流电网可以用各自的频率和相位运行，不需进行同步调整。

4. 直流输电发生故障的损失比交流输电小。

两个交流系统若用交流线路互连，则当一侧系统发生短路时，另一侧要向故障一侧输送短路电流，因此使两侧系统原有开关切断短路电流的能力受到威胁，需要更换开关。而直流输电中，由于采用可控硅装置，电路功率能迅速、方便地进行调节，直流输电线路上基本上不向发生短路的交流系统输送短路电流，故障侧交流系统的短路电流与没有互连时一样，因此不必更换两侧原有开关及载流设备。

在直流输电线路中，各级是独立工作的，彼此没有影响。所以，当一级发生故障时，只需停运故障，另一级仍可输送不少于一半功率的电能。但在交流输电线路中，任一相发生永久性故障，必须全线停电。

目前，直流电主要应用于各种电子仪器，电解，电镀（图 2-31 所示），直流电力拖动等方面。

图 2-31 电镀槽

复 习 题

一、选择题

1. 关于导体的电阻，下列表述正确的是（ ）。

A. 决定于导体的材料、长度和横截面积

B. 决定于导体中的电流强度和电压

C. 跟导体两端的电压成反比

D. 跟导体中的电流强度成反比

2. 关于电阻率，下列说法正确的是（ ）。

A. 电阻率是表征材料导电性的物理量，电阻率越大，导电的性能越好

B. 电阻率是表征材料导电性的物理量，电阻率越小，导电的性能越好

C. 电阻率与导体的长度和横截面积有关

D. 金属的电阻率一般不随温度的变化而变化

3. 有两个电阻 $R_1=20\ \Omega$，$R_2=10\ \Omega$，则有（ ）。

A. R_1，R_2 串联总电阻为 30 Ω

B. R_1，R_2 并联总电阻为 15 Ω

C. R_1，R_2 串联总电阻为 25 Ω

D. R_1，R_2 并联总电阻为 12 Ω

4. 三个阻值都为 12 Ω 的电阻，它们任意连接、组合，三个电阻的总电阻不可能为（ ）。

A. 24 Ω　　B. 4 Ω　　C. 8 Ω　　D. 36 Ω

5. 把一条电阻为 64 Ω 的均匀电阻丝截成等长的 2 段后，再并联起来，电阻变为（ ）。

A. 32 Ω　　B. 16 Ω　　C. 8 Ω　　D. 4 Ω

6. 对于正常工作的电动机和电饭锅，下列说法中正确的是（ ）。

A. 电动机和电饭锅消耗的电能均大于各自产生的内能

B. 电动机和电饭锅消耗的电能均等于各自产生的内能

C. 电动机消耗的电能大于产生的内能，电饭锅消耗的电能等于产生的内能

D. 电动机消耗的电能等于产生的内能，电饭锅消耗的电能大于产生的内能

7. 一直流电动机正常工作时两端的电压为 U，通过的电流为 I，电动机线圈的电阻为 r。该电动机正常工作时，下列说法正确的是（　　）。

A. 电动机消耗的电功率为 IU　　B. 电动机的输出功率为 I^2r

C. 电动机的发热功率为 $IU-I^2r$　　D. U、I、r 三个量间满足 $U=Ir$

8. 有关电动势的说法中正确的是（　　）。

A. 电动势是矢量

B. 从能量的观点来看，电源是把电能转化成其他形式能的装置

C. 电源电动势的大小，等于非静电力在电源内部把单位正电荷从负极移送到正极所做的功

D. 只有在外电路接通时，电源电动势才等于两极间电压

9. 在如图 2-32 所示的电路中，电源的电动势 $E=1.5\ \text{V}$，内电阻 $r=1.0\ \Omega$，电阻 $R=9.0\ \Omega$，不计电流表的内阻。闭合开关 S 后，电流表的示数为（　　）。

A. 0.15 A　　B. 0.5 A

C. 0.4 A　　D. 0.3 A

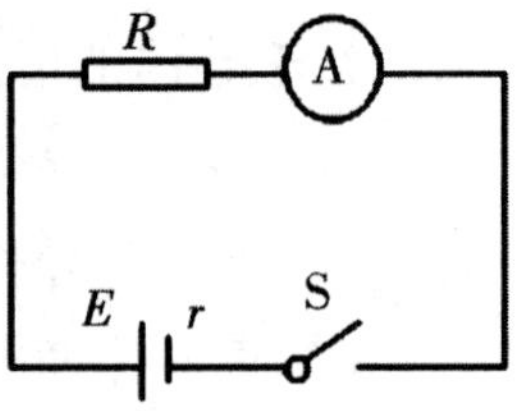

图 2-32

10. 一个闭合电路，是由电池供电的，外电路是纯电阻，以下说法正确的是（　　）。

A. 当外电阻增大时，路端电压增高

B. 当外电阻减小时，路端电压增高

C. 当外电路断路时，路端电压无穷大

D. 当外电路短路时，电路中电流无穷大

11. 在如图 2-33 所示的电路中，已知电源的电动势 $E=2.0\ \text{V}$，内电阻 $r=1.0\ \Omega$，电阻 $R=3.0\ \Omega$。闭合开关 S 后，电阻 R 两端的电压等于（　　）。

A. 0.50 V　　B. 0.75 V

C. 1.0 V　　D. 1.5 V

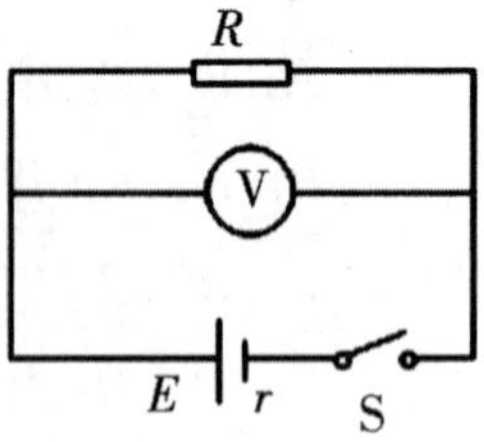

图 2-33

二、填空题

1. 电荷定向移动形成电流，电流的方向规定为________定向移动的方向。

2. 我们把________、________都不随时间变化的电流称为恒定电流。

3. 串联电路各处的电流________，并联电路的总电流等于__________。

4. 两个电阻 $R_1=6\ \Omega$，$R_2=3\ \Omega$，它们串联后的总电阻为_______ Ω，它们并联后的总电阻为_______ Ω。

5. 导体中的电流跟导体两端的电压成________，跟导体的电阻成________（选填“正比”或“反比”）。这个物理规律叫作欧姆定律。欧姆定律的表达式是________。

6. 同种材料的导体，其电阻与它的__________成正比，与它的__________成反比。

7. 在纯电阻电路中，如由白炽灯、电炉丝等构成的电路，电流做功将电能全部转化为内能，此时 $W=Q$，则计算电功和电热时，可采用公式 $W=Q=$__________$=$__________$=$__________中的任一形式进行计算。

8. 电源是通过____________做功把其他形式的能转化为电势能的装置。

9. 在外电路中，电流由电源的__________极流向__________极。在电源的内部，电流由电源的__________极流向__________极。

10. 闭合电路的电流跟电源的电动势成__________，跟内、外电路的电阻之和成__________（选填“正比”或“反比”）。这就是闭合电路欧姆定律。

三、判断题

1. 只要有自由电荷，就一定有电流。(　　)

2. 电动势与电源的体积和外电路均无关。(　　)

3. 根据欧姆定律，导体的电阻由电压和电流决定。(　　)

4. 并联电路的总电阻要小于任何一个支路的电阻。(　　)

5. 串联电路的总电阻要大于其中任何一个电阻。(　　)

6. 电流做的功是把电能全部转化为内能。(　　)

7. 导线的电阻率与导线的长度和横截面积无关。(　　)

8. 电源电动势等于内外电压之和。(　　)

四、计算题

1. 如图 2-34 所示，已知 $R_1=10\ \Omega$，$R_2=R_3=20\ \Omega$，电路两端所加电压 $U=40$ V，求通过 R_1 的电流和整个电路消耗的功率。

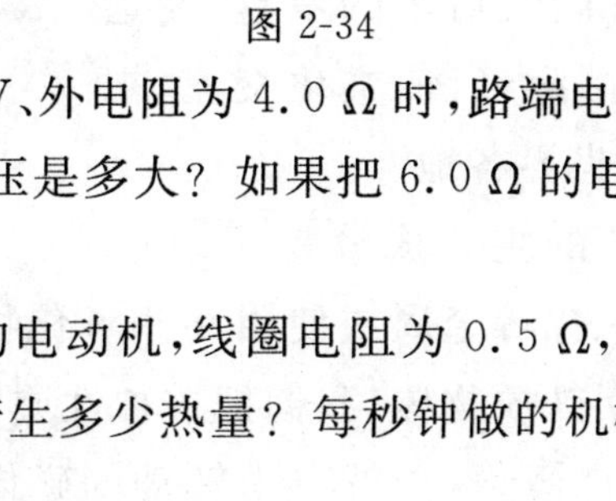

图 2-34

2. 电源的电动势为 4.5 V、外电阻为 4.0 Ω 时，路端电压为 4.0 V。如果在外电路并联一个 6.0 Ω 的电阻，路端电压是多大？如果把 6.0 Ω 的电阻串联在外电路中，两端电压又是多大？

3. 一台 2.2 kW，220 V 的电动机，线圈电阻为 0.5 Ω，在电动机正常工作时，通过电动机的电流为多少？每秒钟产生多少热量？每秒钟做的机械功是多少？

第3章 磁 场

磁学是一门古老的科学，人类对磁现象的研究由来已久。人类对磁现象的应用非常广泛：磁体的周围有磁场，利用磁场进行电能和机械能的相互转变，人们制造出发电机、电动机；利用磁性材料的磁化和退磁，人们广泛使用磁卡、磁盘、磁带；地球的磁场不仅帮助我们导航、找矿，还能帮助我们测定岩层的年龄，传递大陆漂移的信息。

许多动物除了视觉、听觉、味觉、嗅觉和触觉外，还能感觉到磁场。依靠这种感觉，它们能利用地磁场“导航”。候鸟和海龟长途迁徙不会迷失方向，它们凭借的“秘密武器”之一，可能就是对地磁场的感知能力。

大到天体，小到粒子，磁现象无处不在。在这一章里，我们将学习磁场、磁感应强度、磁通量等概念，安培力、洛伦兹力的大小和方向等内容。

§3.1 磁现象和磁场

磁现象 古代人们就发现了天然磁石吸引铁器的现象。我国春秋战国时期的一些著作就有关于磁石的记载和描述，东汉学者王充在《论衡》一书中描述的“司南”（如图 3-1 所示），是人们公认的最早的磁性定向工具。我国古代对磁的认识和应用，一直处于领先地位。其中最重要的是发明了指南针以及后来的罗盘，使远洋航行成为可能，大大推动了国际经济、文化交流，把东方文明（包括指南针）传播到世界各地。

图 3-1 司南（根据古代文字记载制作）

人们最早发现的天然磁石的主要成分是 Fe_3O_4。现在使用的磁体，多是用铁、钴、镍等金属或使用某些氧化物制成的。天然磁石和人造磁体都叫作永磁体，它们都能吸引铁质物体，我们把这种性质叫作 **磁性**。磁体的各部分磁性强弱不同，磁性最强的区域叫作 **磁极**。能够自由转动的磁体，如悬吊着的小磁针，静止时指南的磁极叫作南极，又叫 S 极；指北的磁极叫作北极，又叫 N 极。需要注意的是，尽管一个磁体可以无限分割，但是大量事实证明，**单磁极是不存在的**。也就是说，无论再小的磁体也总有两个磁极。

电流的磁效应 历史上，人们对电现象和磁现象的研究是分别进行的，并且在很长的一段时间内认为电现象和磁现象是完全不相关的两种现象。但是随着时间的推移，人们了解到两者之间的更多的相似性，比如，自然界中的磁体总存在两个磁极，自然界中同样存在着两种电荷；同名磁极或同种电荷相互排斥，异名磁极或异种电荷相互吸引等。这就使人们逐渐有了新的猜想，认为它们之间可能存在某种联系。

1731 年，一名英国商人发现，雷电过后，他的一箱刀叉竟然具有了磁性。1751 年，美国科学家富兰克林发现莱顿瓶放电能使缝衣针磁化。

到 19 世纪初，一些哲学家和科学家都认识到自然界的各种现象、各种运动形式之间应该是相互联系的。在这种思想指导下，丹麦物理学家奥斯特为寻找电和磁之间的联系做了大量的实验。直到 1820 年 4 月的一天，他在课堂上做演示实验，给小磁针上面的导线通电时，发现小磁针发生了偏转，奥斯特意识到，使小磁针发生偏转的磁场应该是电流产生的。他又做了几十个实验，在同年的 7 月发表论文，宣布电流能够在它的周围空间产生磁场，这就是**电流的磁效应**。如图 3-2 所示是奥斯特当时做实验的情形，右边容器是一个自制的化学电池。

图 3-2　奥斯特发现，电流能使小磁针偏转

奥斯特用实验的方式发现了电流的磁效应，首次揭示了电与磁的联系，为电磁学的迅速发展开辟了道路，在电磁学的发展史中具有划时代的意义。为此，安培写到："奥斯特先生……已经永远的把他的名字和一个新纪元联系在了一起。"法拉第则评论说："他突然打开了科学中一个黑暗领域的大门，使其充满光明。"

磁场　奥斯特实验之后，安培等人又做了很多实验研究。他们发现，不仅通电导线对磁体有作用力，磁体对通电导线也有作用力。例如，把一段直导线悬挂在蹄形磁铁的两极之间，通以电流，导线就会移动。他们还发现，任意两条通电导线之间也有作用力。

这些作用力是怎样产生的呢？

我们知道，两个电荷不需要相互接触，就可以发生力的作用，是因为电荷周围存在着电场，电场会对进入其中的其他电荷产生力的作用。正像电荷之间的相互作用是通过电场发生的一样，磁体与磁体之间、磁体与通电导体之间，以及通电导体与通电导体之间的相互作用，是通过**磁场**产生的。在磁体和通电导线周围都存在磁场这种特殊物质。

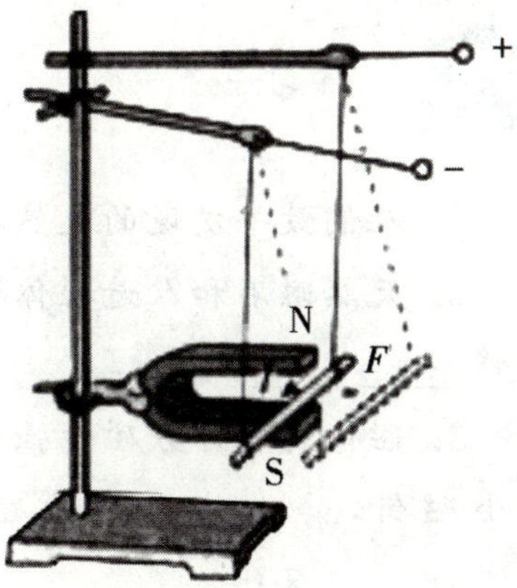

图 3-3　通电导线与磁体通过磁场发生相互作用

地球的磁场　人们发现磁针能够指向南北，这实际上就是发现了地球的磁场。我国古人发明的指南针的广泛使用，又促进了人们对地球磁场的认识。

地球的地理两极与地磁两极并不重合（如图 3-4），因此，磁针并非准确地指向南北，其间有一个夹角，这就是地磁偏角，简称磁偏角。磁偏角的数值在地球上不同的地点是不同的。不仅如此，由于地球磁极的缓慢移动，磁偏角也在缓慢变化，磁偏角的发现对于科学的发展和指南针在航海中的应用都很重要。我国古代人民首先发现了地磁偏角，表明在古代我国对磁的认识和应用一直处于世界领先地位。

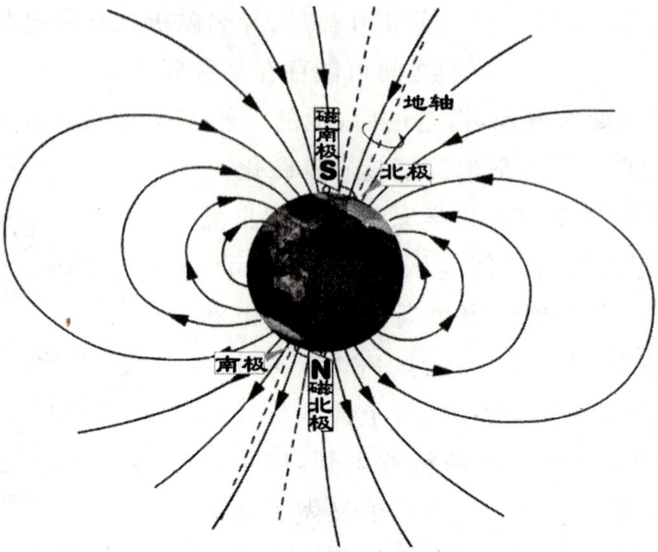

图 3-4 地理的两极和地磁的两极不完全重合

不但地球具有磁场，宇宙中的许多天体都有磁场。太阳表面的黑子、耀斑和太阳风等活动都与太阳磁场有关。

阿波罗登月计划的重要科研活动之一，就是观测月岩的磁性，并由此判断，月球内部为固态物质，这是其他天文学方法不能做到的。对火星磁场的观察显示，火星不像地球那样有一个全球性的磁场，因此指南针在火星上不能工作。

练习一

1. 人们最早发现的天然磁石的主要成分是__________。

2. 天然磁石和人造磁体都叫__________，它们都能吸引铁质物体，我们把这种性质叫作__________。

3. 磁体的各部分磁性强弱不同，磁性最强的区域叫作__________。能够自由转动的的小磁针，静止时指南的磁极叫作__________，又叫__________；指北的磁极叫作__________，又叫__________。

4. 磁极间的相互作用表现为：同名磁极相互__________，异名磁极相互__________。

5. 指南针在地球上能够指示方向，表明地球是一个__________，它的周围存在着__________。

6. 地磁场的南极在地理的__________极附近。

7. 首先发现电流磁效应的科学家是(　　)。

   A. 牛顿　　B. 安培　　C. 奥斯特　　D. 法拉第

8. 下列关于磁场的说法中，正确的是(　　)。

   A. 磁场和电场一样，是客观存在的特殊物质

B. 磁场是为了解释磁极间的相互作用而人为引入的

C. 磁极与磁极之间需接触才能发生作用

D. 磁场只有在磁极与磁极、磁极与电流发生作用时才产生

§3.2　磁感应强度

不同的磁场或同一磁场的不同地方，磁场的强弱往往不同，磁体周围磁场的强弱表现为磁场对磁性物质和通电导线作用力的强弱，比如，巨大的电磁铁能够吸起成吨的钢铁，实验室中的小磁铁却只能吸起几枚铁钉。那么我们怎样认识和描述磁场的强弱呢？研究电场的时候，我们研究检验电荷在电场中的受力情况，确定了一个叫作电场强度的物理量，用来表示电场的强弱。与此类似，我们是否可以分析磁体或通电导线在磁场中所受的力，由此入手，找出表示磁场强弱和方向的物理量呢？

磁感应强度的方向　与电场强度相对应，我们本可以把描述磁场强弱的物理量叫作磁场强度。但是历史上磁场强度已经用来表示另一个物理量，因此物理学中用磁感应强度来描述磁场的强弱。

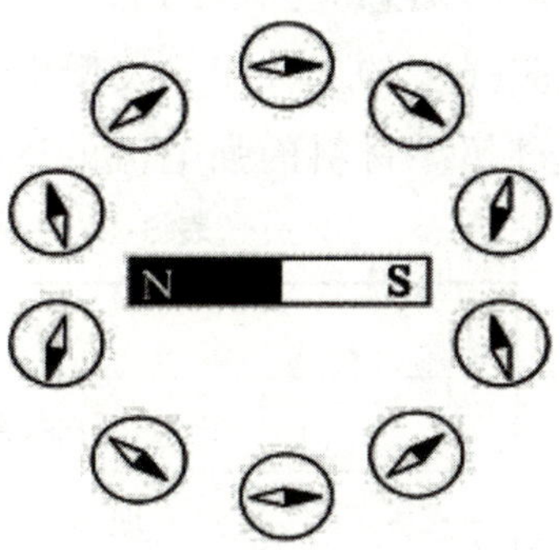

图 3-5　磁场的方向

在电场中，我们规定正电荷在某一点的受力方向为该点的电场强度的方向，我们很容易联想到在磁场中可以用小磁针在某点的受力方向，表示该点的磁感应强度的方向。

我们规定：**可自由转动的小磁针静止时 N 级所指的方向规定为该点的磁感应强度的方向，简称磁场的方向**，如图 3-5 所示。

磁感应强度的大小　在电场中，我们根据电荷在电场中某点受力的大小来确定该点磁感应强度的大小。但是，磁单极不可能存在，因而不可能测量 N 极受力的大小，也就不能由此确定磁感应强度的大小。

我们想到，磁场不但对小磁针以及其他磁体有力的作用，而且对通电导线也有力的作用。通过实验可知，在磁场中放置一段长度为 L 的通电导线，它就会受到力的作用，力的大小与磁场的强弱、导线在磁场中的位置和导线的长度，以及导线中的电流有关。分析了很多实验事实之后人们认识到，通电导线与磁场方向垂直时，它受力的大小既与导线的长度 L 成正比，又与导线中的电流 I 成正比，即与 I 和 L 的乘积成正比，用公式表示就是

$$F=ILB$$

式子中的 B 是比例系数。它与导线的长度和电流的大小都没有关系，就是说无论电流强度、导线长度怎样变化，当导线与磁场垂直时，在磁场中一个确定的位置，导线所受的力 F 与电流和导线长度 L 的乘积 IL 的比值 $\frac{F}{IL}$ 总是不变的，为一个常数。在磁场中的不同位

置，比值$\frac{F}{IL}$一般不同，看来这个比值正是我们寻找的用来表示磁场强弱的物理量——磁感应强度，因此，在导线与磁场垂直的最简单情况下有关系式

$$B=\frac{F}{IL}$$

这就是磁感应强度的定义式。式中，F 表示通电导线在磁场中受到的力，I 表示导线中电流大小，L 为导线长度。

磁感应强度是矢量，其方向与磁场方向相同。

它的单位由 F、I 和 L 的单位决定。在国际单位制中，磁感应强度的单位是**特斯拉**，简称**特**，符号是 T，$1\ \text{T}=1\ \frac{\text{N}}{\text{A}\cdot\text{m}}$。

特斯拉是一个比较大的单位。在通有 1 A 电流的直导线周围 1 m 远的磁感应强度只有 2×10^{-7} T。在地面附近地磁场的磁感应强度约为 0.5×10^{-4} T。通常条形磁铁或蹄形磁铁两极附近的磁感应强度约为 0.5 T。一般电机或变压器的铁芯中，磁感应强度约为 1 T。大型电磁铁的磁感应强度可达 10 T 以上。通过超导材料的强电流的磁感应强度可达 1000 T 以上。

图 3-6 特斯拉（Nikola Tesla，1856～1943）美国电气工程师。他一生致力于交变电流的研究，是交变电流进入实用领域的主要推动者。

表 3-1 一些磁场的磁感应强度

磁场	磁感应强度/T
人体器官内的磁场	$10^{-13}\sim10^{-9}$
地磁场在地面附近的平均值	5×10^{-5}
我国研制的作为 α 磁谱仪核心部件的大型永磁体中心的磁场	0.1346
电视机偏转线圈内的磁场	约 0.1
实验室使用的最强磁场	瞬时 10^3 恒定 37
中子星表面的磁场	$10^6\sim10^8$
原子核表面的磁场	约 10^{12}

磁感线 我们已经知道，在磁场中的每一点，磁感应强度 B 都有一定的方向。如果在磁场中画出一些带箭头曲线，使曲线上每一点切线的方向都跟这点的磁感应强度的方向一致，这样的曲线就叫作**磁感线**。磁感线是为了形象地描述磁场而引入的假想曲线。

实验室中常用铁屑来模拟磁感线的形状。在磁场中放一块玻璃板，玻璃板上均匀地撒一层细铁屑，细铁屑就在磁场里磁化成“小磁针”。轻敲玻璃板，细铁屑就会有规则的排列起来，模拟出磁感线的形状，如图 3-7 所示。在两极附近，场强较强，磁感线较密。

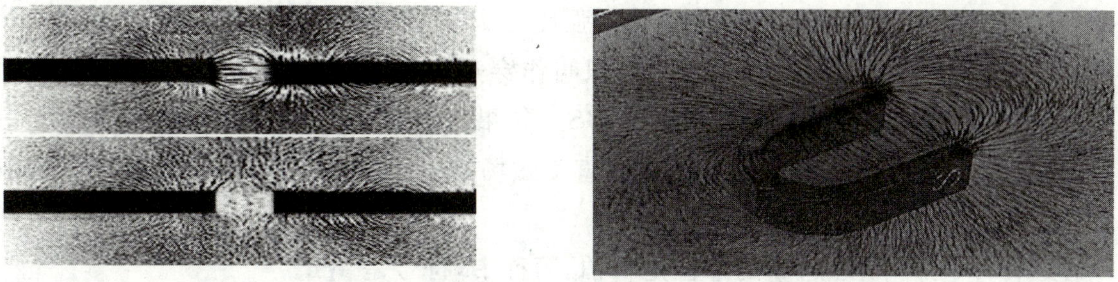

图 3-7　用铁屑模拟条形磁铁和蹄形磁铁周围磁感线的分布情况

图 3-8 是几种常见磁体周围的磁感线分布情况。

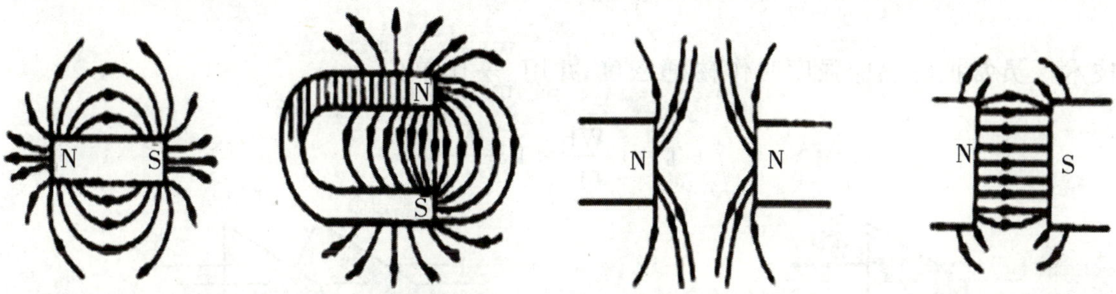

条形磁铁的磁感线　蹄形磁铁的磁感线　同名磁极的磁感线　异名磁极的磁感线

图 3-8　常见磁铁周围的磁感线分布

从图中可以看出，磁感线具有以下特点：

(1) 磁感线是闭合的曲线。在磁体外部，磁感线从 N 极出发，指向 S 极；而在磁体内部，磁感线是从 S 极指向 N 极。

(2) 任意两条磁感线不会相交。因为空间任一点的磁场只有一个方向。

(3) 磁感线的疏密表示磁场的强弱。磁感线密集处磁场强，磁感应强度大；磁感线稀疏处磁场弱，磁感应强度较小。

匀强磁场　在磁场中某一区域，如果各点的磁感应强度的大小和方向都相同，那么这个区域内的磁场我们就称之为匀强磁场。距离很近的两个平行的异名磁极之间的磁场，除了边缘部分外，可以认为是匀强磁场(如图 3-9 所示)。相隔适当距离的两个平行放置的线圈通电时，其中间区域的磁场也是匀强磁场(如图 3-10 所示，关于这一点，我们将在下一节“几种常见的磁场”中会学习到)。匀强磁场的磁感线是一些间隔相同的平行直线。

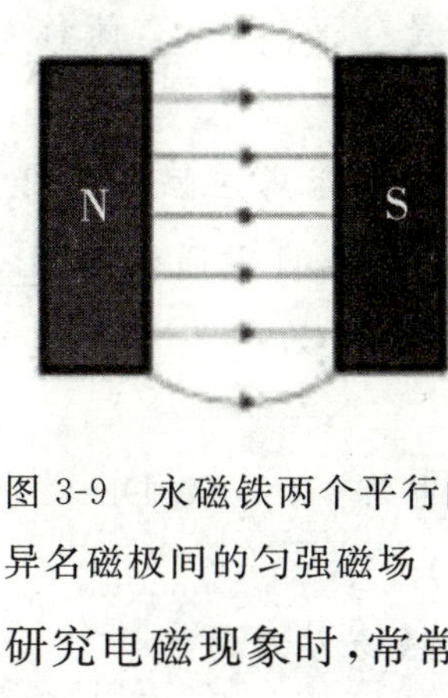

图 3-9　永磁铁两个平行的异名磁极间的匀强磁场

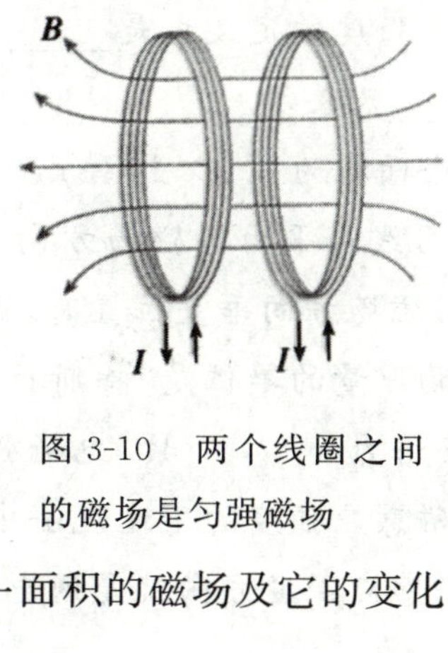

图 3-10　两个线圈之间的磁场是匀强磁场

磁通量　研究电磁现象时，常常要讨论穿过某一面积的磁场及它的变化，为此引入了一个新的物理量——磁通量。设在磁感应强度为 B 的匀强磁场中，有一个与磁场方向垂直的平面，面积为 S，我们把 B 与 S 的乘积叫作穿过这个面积的**磁通量**，简称**磁通**，如图3-11所示。用字母 Φ 表示磁通量，则 $\Phi=BS$。如果磁场 B 不与我们研究的平面垂直，例如，图3-12中的 S，那么我们用这个面在垂直于磁场方向的投影面积 S' 与 B 的乘积表示磁通量。

在国际单位制中，磁通量的单位是韦伯，简称韦，符号是 Wb。

$$1\ \text{Wb}=1\ \text{T}\cdot\text{m}^2$$

从 $\Phi=BS$ 可以得出 $B=\dfrac{\Phi}{S}$，这表示磁感应强度等于穿过单位面积的磁通量，因此工程技术人员常把磁感应强度叫作**磁通密度**，并用 $\dfrac{\text{Wb}}{\text{m}^2}$ 作单位

$$1\ \text{T}=1\ \frac{\text{Wb}}{\text{m}^2}=1\ \frac{\text{N}}{\text{A}\cdot\text{m}}$$

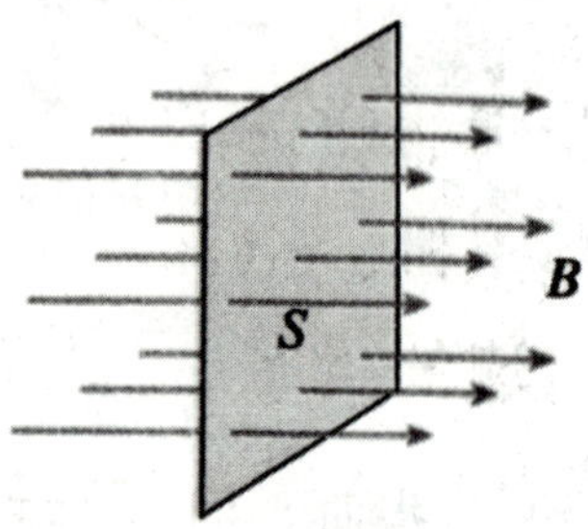

图 3-11 磁通量

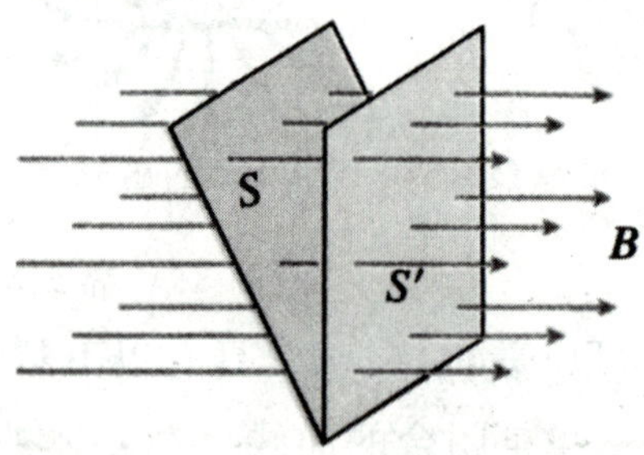

图 3-12 平面与 B 不垂直时的磁通

练习二

1. 磁感应强度是描述磁场________和方向的物理量。磁感应强度的方向就是可自由转动的小磁针静止时________所指的方向(选填:"N 极"或"S 极")。

2. 通电导线与磁场方向垂直时，它受到力的大小与导线________成正比，又与导线中的________成正比，用公式表示 $F=$________，式中 B 是比例系数，又叫________。

3. 磁感应强度的定义式是________，它的单位是________，简称________，用符号________来表示。

4. 把一个面积为 $4.0\times10^{-2}\ \text{m}^2$ 的单匝矩形线圈放在磁感应强度为 2.0×10^{-2} T 的匀强磁场中，当线圈平面与磁场方向平行时，穿过线圈平面的磁通量为________ Wb；当线圈平面与磁场方向垂直位置时，穿过线圈平面的磁通量为________ Wb。

5. 下列物理量的单位是"特斯拉"的是(　　)。

A. 安培力　　B. 电场强度　　C. 电容　　D. 磁感应强度

6. 关于磁感应强度的下述说法中正确的是(　　)。

A. 磁感应强度方向就是通电导线在磁场中受磁场力方向

B. 磁场中某点的磁感应强度方向即磁感线在该点的切线方向

C. 磁感应强度只表示磁场强弱

D. 磁感应强度只有大小没有方向

7. 对$B=\frac{F}{IL}$的理解，下列说法正确的是(　　)。

A. 磁感应强度大小与放入该处的通电导线受到的磁场力的大小成正比

B. 磁感应强度大小与放入该处的通电导线的电流强度和长度的乘积成反比

C. 导线中电流越大，该处的磁感应强度越小

D. 磁场中某一点的磁感应强度由磁场本身决定，其大小和方向是唯一确定的，与通电导线无关

8. 关于磁感线，下列说法中正确的是(　　)。

A. 两条磁感线可以相交

B. 磁感线是磁场中实际存在的线

C. 磁感线总是从N极出发，到S极终止

D. 磁感线的疏密程度反映磁场的强弱

9. 匀强磁场是指(　　)。

A. 磁感应强度大小处处相同的磁场

B. 磁感应强度方向相同的磁场

C. 磁感应强度大小、方向处处相同的磁场

D. 磁感线为曲线的磁场

10. 在匀强磁场中，有一根长0.4 m的通电导线，导线中的电流为20 A，这条导线与磁场方向垂直时，所受的磁场力为0.08 N，求该匀强磁场的磁感应强度的大小。

11. 匀强磁场中有一段长为0.2 m的直导线，它与磁场方向垂直，当通过3 A的电流时，受到6.0×10^{-2} N的磁场力，则磁场的磁感应强度的大小是多少？当通电导线长度缩短一半时，磁场的磁感强度是多大？

12. 在匀强磁场中，垂直磁场方向放一个面积为$3.0\times10^{-2}\ \mathrm{m^2}$的线框，若穿过线框所围面积的磁通量为$1.5\times10^{-3}$ Wb，则磁场磁感应强度的大小是多少？

§3.3　几种常见的磁场

电流具有磁效应，电流的方向和电流周围的磁场方向有密切关系，这一节我们就来学习几种常见电流的磁场及其物理规律。

直线电流的磁场　把小磁针放到通电导线附近，根据小磁针的指向，可以研究通电导线周围磁场的分布，如图3-13甲所示。

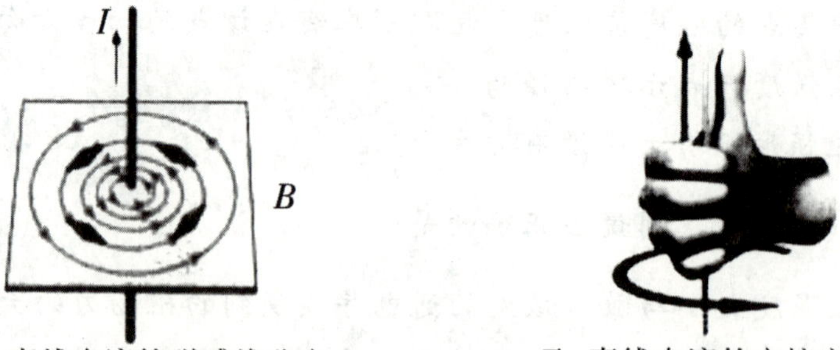

甲 直线电流的磁感线分布　　乙 直线电流的安培定则

图 3-13　直线电流的磁场

可以看出，直线电流周围的磁感线在跟导线垂直的平面上，是以导线穿过平面的点为圆心的许多同心圆。直线电流的磁场方向可以用**安培定则**方便地表示（如图 3-13 乙所示）：**右手握住导线，让伸直的拇指所指的的方向与电流方向一致，弯曲的四指所指的方向就是磁感线环绕的方向。**这个规律也叫右手螺旋定则。

环形电流的磁场　环形电流的磁场也可以用小磁针来研究，并且也可以用另一种形式的安培定则表示：**让右手弯曲的四指与环形电流的方向一致，伸直的拇指所指的的方向就是环形导线轴线上磁感线的方向，**如图 3-14 所示。

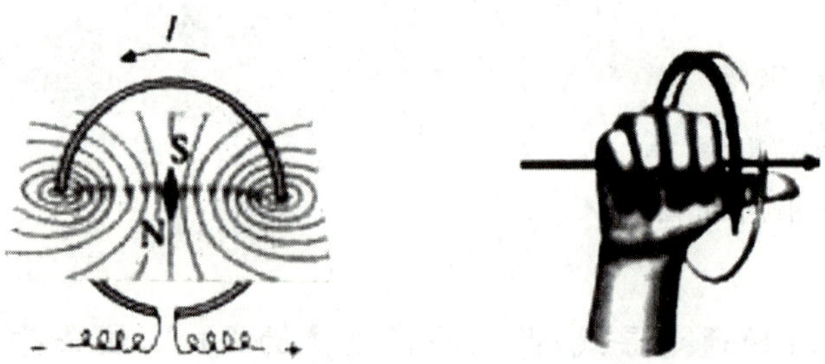

甲 环形电流的磁感线分布　　乙 环形电流的安培定则

图 3-14　环形电流的磁场

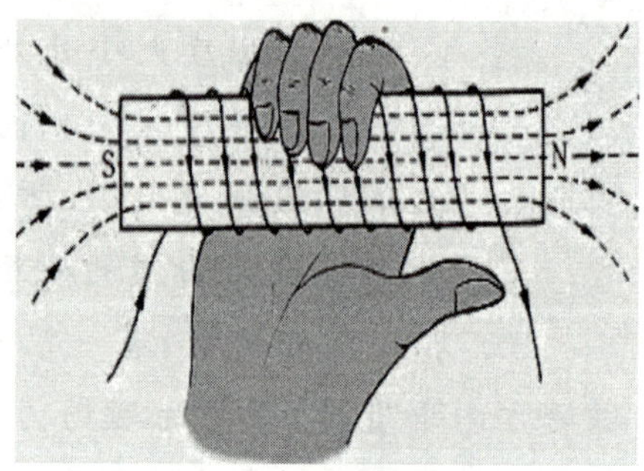

图 3-15　通电螺线管的磁场

通电螺线管的磁场　由多个连续的环形导线组成的螺线管，通电时产生的磁场如图 3-15 所示：通电长直螺线管内部，磁感线是均匀分布、互相平行的直线；在它的外部，磁感线由螺线管的一端出来，进入另一端，形成闭合曲线，如图 3-15 所示。

通电螺线管的磁场和条形磁铁的磁场非常相似。

通电螺线管的磁场方向与电流方向的关系，也可以用安培定则来判定：**用右手握住螺线管，让弯曲的四指指向电流的方向，与四指垂直的大拇指所指的方向就是通电螺线管内部的磁场方向，也是通电螺线管的 N 极所在的方向。**

与天然磁体的磁场相比，电流磁场的强弱更容易控制，因而在实际生活中有很多重要的应用。电磁起重机、电话、电动机、发电机，以及在自动控制中普遍应用的电磁继电器等，都离不开电流的磁场。

分子电流假说　磁铁和电流都能产生磁场。它们的磁场有什么联系？我们知道，通电螺线管的磁场和条形磁铁的磁场非常相似，法国学者安培由此受到启发，于 1822 年提出了著名的安培分子电流假说：在分子、原子等物质微粒内部都存在着一种环形电流，称为分子电流。分子电流使每个物质微粒都成为一个小磁体,它的两侧相当于两个磁极,如图 3-16 所示。当物体未磁化时,这些小磁体取向杂乱无章,各个小磁体的磁场相互抵消,整个物体对外不显磁性,如图 3-17 甲所示。物体受到外磁场的作用时,各个分子电流的取向大体一致,整个物体对外显示出磁性,如图 3-17 乙所示。当磁体受到高温或强烈敲击时,会减弱或失去磁性,原因是分子电流的取向又杂乱无章了。

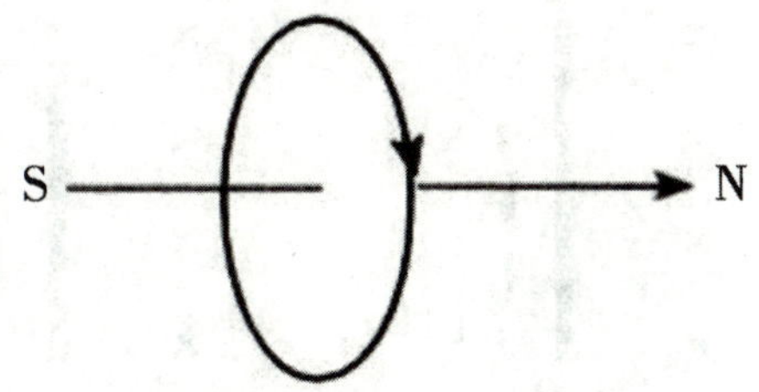

图 3-16　安培认为,物质微粒内的分子电流使它们相当于一个个小磁体

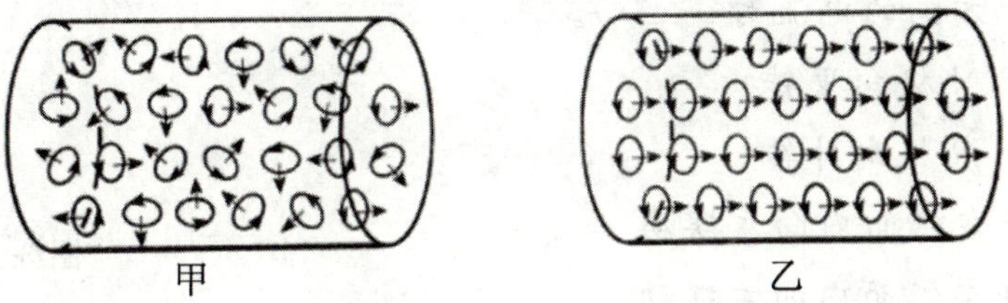

图 3-17　分子电流的取向是否规律,决定了物体对外是否显磁性

物质的原子结构理论告诉我们:安培当年描述的分子电流实际上是原子中的电子绕原子核高速转动形成的。

以上分析可以看出,磁铁的磁场和电流的磁场一样,都是由电荷的运动产生的。

练习三

1. 直线电流的磁场方向可以用安培定则来表示:右手握住导线,让伸直的拇指所指的方向与__________一致,弯曲的四指所指的方向就是__________环绕的方向。这个规律也叫右手螺旋定则。

2. 环形电流的磁场方向也可以用安培定则表示:让右手弯曲的四指与__________的方向一致,伸直的拇指所指的的方向就是环形导线轴线上__________的方向。

3. 通电螺线管的磁场方向与电流方向的关系,也可以用安培定则来判定:用右手握住螺线管,让弯曲的四指指向__________的方向,与四指垂直的大拇指所指的方向就是通电螺线管内部的__________方向。

4. 法国学者__________提出了著名的分子电流假说,揭示了磁现象的电本质——磁铁的磁场和电流的磁场一样,都是由__________产生的。

5. 下列关于直线电流周围磁场方向的示意图中,正确的是(用“ · ”表示磁感线垂直纸面向外,“×”表示磁感线垂直纸面向里)(　　)。

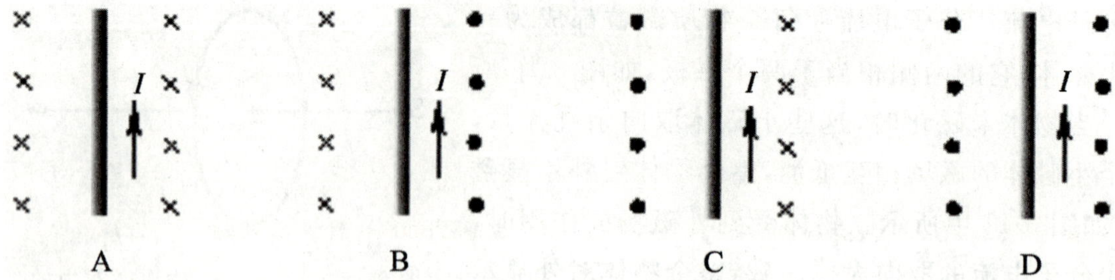

6. 图 3-18 为磁场作用力演示仪中的赫姆霍兹线圈，线圈中心处挂有一根小磁针，小磁针与线圈在同一平面内，当赫姆霍兹线圈通以如图所示方向的电流时(　　)。

A. 小磁针 N 极向里转

B. 小磁针 N 极向外转

C. 小磁针在纸面内向左摆动

D. 小磁针在纸面内向右摆动

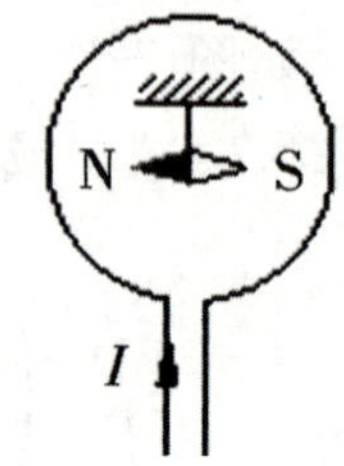

图 3-18　赫姆霍兹线圈

7. 如图 3-19 所示，判断通电螺线管的极性。

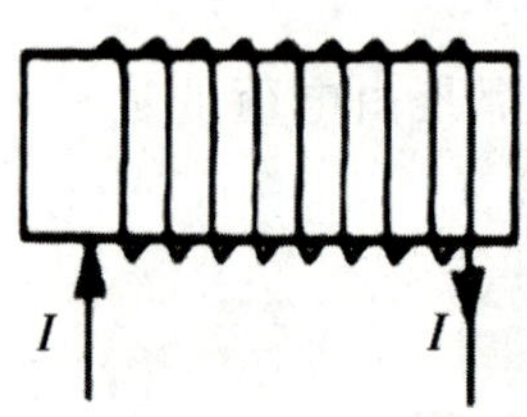

图 3-19　判断通电螺线管的极性

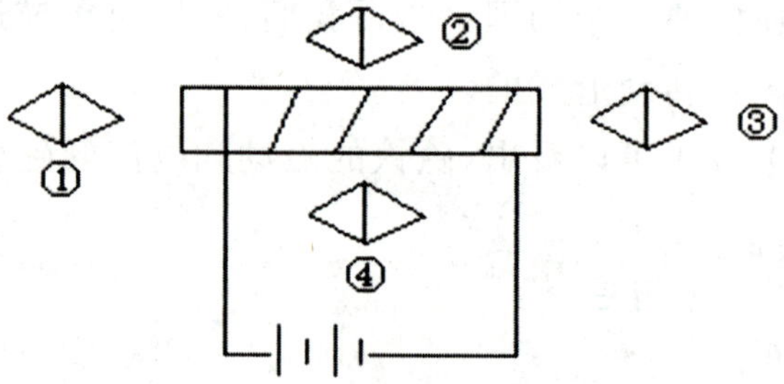

图 3-20　判断小磁针的极性

8. 如图 3-20 所示，判断小磁针的两极并在图上标出。

§3.4　通电导线在磁场中受到的力

在第二节中我们已经初步了解了磁场对通电导线的作用力。安培在研究磁场对电流的相互作用方面做出了杰出的贡献，为了纪念他，人们把通电导线在磁场中受到的力称为**安培力**。这节将对安培力作进一步的讨论。

安培力的方向　通电导线在磁场中所受安培力的方向，与导线、磁感应强度的方向都垂直，它的指向可以用以下方法判定：**伸开左手，使拇指与其余四个手指垂直，并且都与手掌在同一个平面内；让磁感线从掌心进入，并使四指指向电流的方向，这时拇指所指的方向就是通电导线在磁场中所受安培力的方向**，如图 3-21 所示。这就是判定通电导线在磁场中受力方向的左手定则。

安培力的大小　在本章第二节研究磁感应强度大小的问题中我们已经知道：垂直于磁场 B 放置一段长为 L 的导线，当通过的电流为 I 时，它所受的安培力 F 的大小为

$$F=ILB$$

需要注意的是，上述公式只适用于导线方向和磁感应强度 B 的方向垂直的情况。

当磁感应强度的方向和通电导线垂直时，通电导线所受的安培力最大，最大值为 $F=ILB$；当磁感应强度的方向和通电导线平行时，通电导线所受的安培力最小，此时通电导线所受安培力为 0；当磁感应强度的方向和通电导线有一定夹角 θ 时，通电导线所受的安培力的大小为 $F=ILB\sin\theta$。

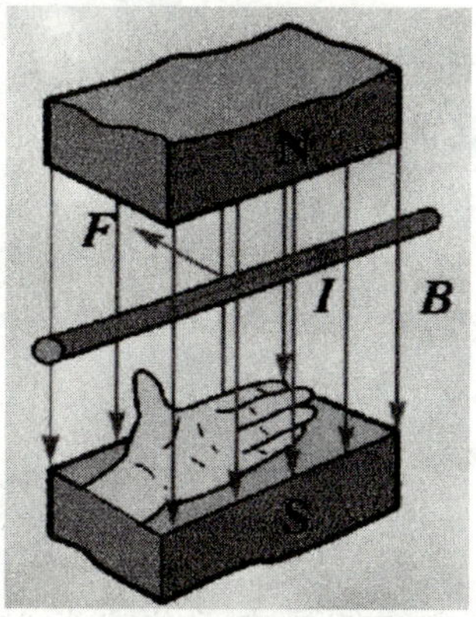

图 3-21　安培力方向用左手定则判定

磁电式电流表　中学实验室使用的电流表是磁电式电流表(如图 3-22 所示)，它所依据的物理学原理是安培力与电流的关系。

磁电式电流表最基本的组成部分是磁铁和放在磁铁两极之间的线圈。图 3-23 是线圈在磁场中受力情况的图示。当电流通过线圈时，导线受到安培力的作用。由左手定则可判定，线圈左右两边所受的安培力的方向相反，于是安装在轴上的线圈就要转动。

线圈转动时，图 3-22 中的螺旋弹簧变形，反抗线圈的转动。电流越大，安培力就越大，螺旋弹簧的形变也就越大。所以，从线圈偏转的角度就能判断通过电流的大小。

从图 3-21 可以看出，安培力总与磁感应强度的方向垂直。为了使电流表表盘的刻度均匀，两磁极之间装有极靴，极靴中间又有一个铁质圆柱。这样，极靴与圆柱间的磁场方向都沿圆柱半径方向，线圈无论转到什么位置，它的平面都跟磁感线平行(如图 3-24 所示)，表盘的刻度就是均匀的了。

线圈中的电流方向变化时，安培力方向随着改变，指针的偏转方向也随着改变。所以，根据指针的偏转方向，可以知道被测电流的方向。

磁电式仪表的优点是灵敏度高，可以测出很弱的电流；缺点是线圈的导线很细，允许通过的电流很弱(几十微安到几毫安)。

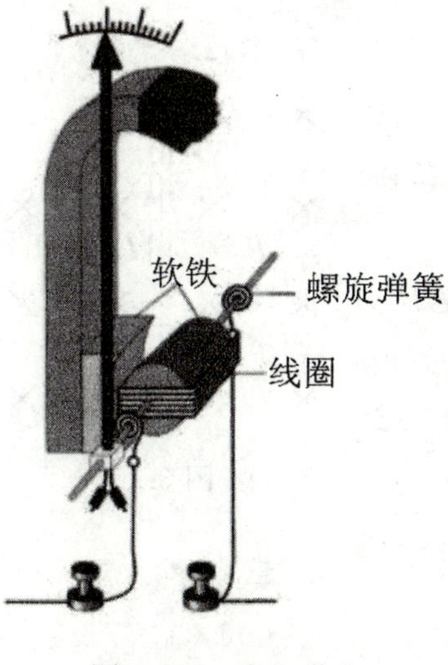

图 3-22　磁电式电表的结构示意图

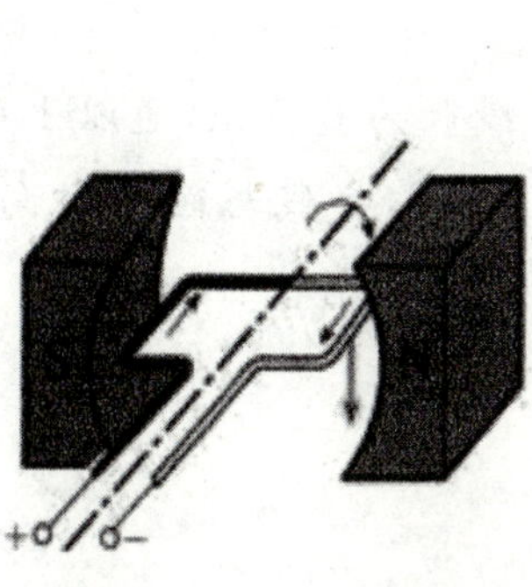

图 3-23　通电线圈在安培力作用下发生转动

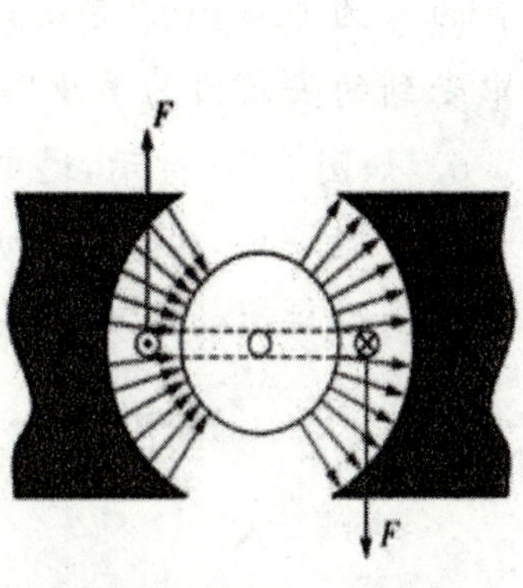

图 3-24　极靴和铁质圆柱使磁场方向沿圆柱半径方向

练习四

1. 物理学中，把通电导线在磁场中受到的力称为________。它的方向可以用左手定则来判断，其方法是：伸开左手，使拇指与其余四个手指________，并且都与手掌在同一个平面内；让磁感线从________进入，并使四指指向________的方向，这时________所指的方向就是通电导线在磁场中所受安培力的方向。

2. 当磁场方向和通电导线垂直时，通电导线所受安培力的大小是________。当磁场方向与通电导线平行时，通电导线所受安培力的大小是________。

3. 图 3-25 的磁场中有一条通电导线，其方向与磁场方向垂直。图甲、乙、丙分别标明了电流，磁感应强度和安培力三个量中两个量的方向，试画出第三个量的方向。（用“·”表示磁感线垂直纸面向外，“×”表示磁感线垂直纸面向里，“⊙”表示电流垂直纸面向外，“⊗”表示电流垂直纸面向里。）

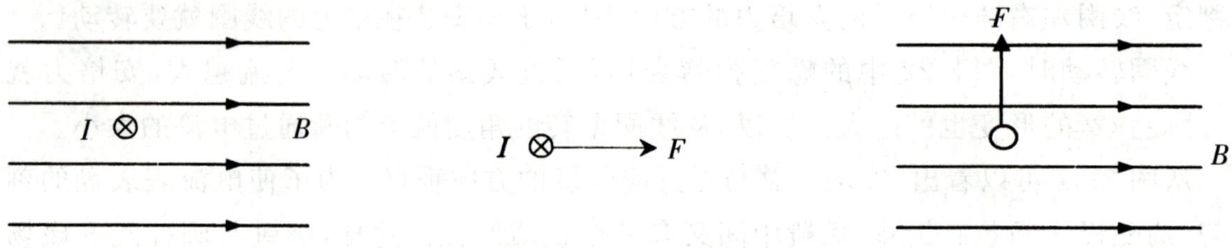

甲　　　　乙　　　　丙

图 3-25　画出未标出的电流或磁感应强度、安培力的方向

4. 一根通电直导线在某个空间没有受到安培力的作用，那么（　　）。

A. 这个空间可能有方向与电流方向平行的磁场

B. 这个空间一定没有磁场

C. 这个空间可能有方向与电流方向垂直的磁场

D. 以上三种说法都不对

5. 在磁感应强度为 0.8 T 的匀强磁场中，放一根与磁场方向垂直的长为 0.5 m 的导线，导线中的电流为 5 A。这根导线在磁场中受到的安培力为多少？

6. 如图 3-26 所示，通电直导线长为 0.5 m，通以 1 A 的电流，置于匀强磁场中，磁感应强度为 0.1 T，导线与磁场方向垂直。则导线受到安培力的大小是多少？方向如何？

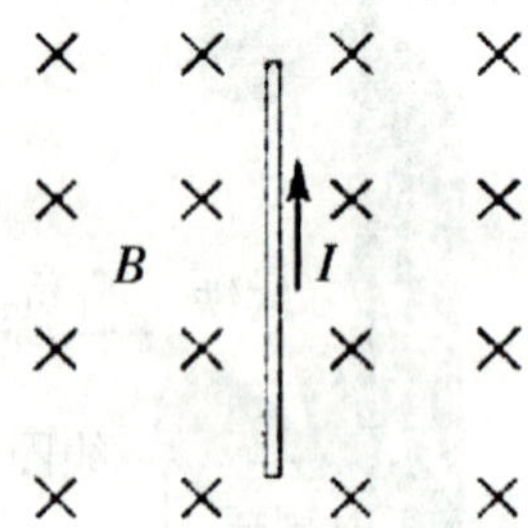

图 3-26

§3.5 运动电荷在磁场中受到的力

上一节我们已经了解到磁场对电流有作用力，而电流是电荷定向移动的结果，所以磁场对电流的作用力其实是磁场对运动电荷的作用的宏观表现。我们把运动电荷在磁场中受到的力称为**洛伦兹力**。

洛伦兹力的大小和方向 经过研究，人们发现洛伦兹力的大小不但与磁感应强度 B、电荷 q、电荷的运动速度 v 有关，而且还与速度的方向有关。

当电荷的速度方向与磁感应强度方向垂直时，通过理论推导可知，电荷所受的洛伦兹力为

$$F=qvB$$

同安培力类似，上述公式只适用于电荷的速度方向和磁感应强度方向垂直的情况。

当电荷的速度方向和磁感应强度的方向垂直时，电荷所受的洛伦兹力最大，最大值为 $F=qvB$；当电荷的速度方向和磁感应强度的方向平行时，电荷所受的洛伦兹力最小，此时处在磁场中的运动电荷不受洛伦兹力作用；当电荷的速度方向和磁感应强度的方向有一定夹角 θ 时，电荷所受的洛伦兹力的大小为 $F=qvB\sin\theta$。

由于洛伦兹力和安培力在本质上是一样的，我们推断，运动电荷在磁场中所受洛伦兹力的方向，与运动方向和磁感应强度的方向都垂直，它的指向可以依照左手定则判定：**伸开左手，使拇指与其余四个手指垂直，并且都与手掌在同一个平面内；让磁感线从掌心进入，并使四指指向正电荷运动的方向，这时拇指所指的方向就是运动的正电荷在磁场中所受洛伦兹力的方向**，如图 3-27 所示。如果运动电荷是负电荷，四指指向负电荷运动的反方向，这时拇指所指的方向就是运动的负电荷在磁场中所受洛伦兹力的方向。

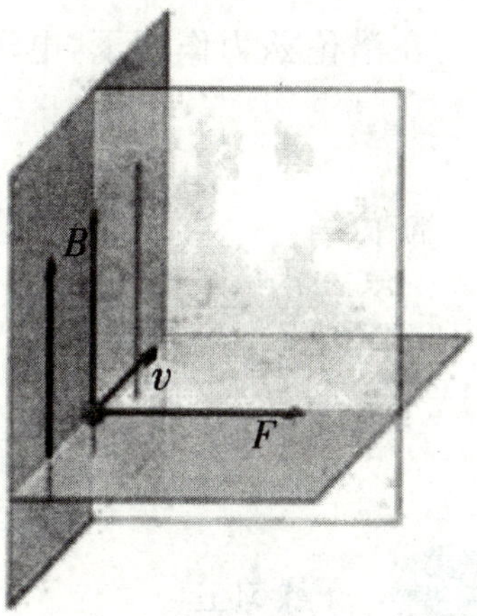

图 3-27 左手定则判定洛伦兹力的方向

带电粒子在匀强磁场中的运动 当带电粒子以垂直于磁场的方向进入磁场时，由于洛伦兹力的方向是与电荷的运动方向始终垂直的，所以**洛伦兹力不改变带电粒子速度的大小**，或者说**洛伦兹力不对带电粒子做功**，不改变粒子的动能。

由于带电粒子速度的大小不变，所以粒子在匀强磁场中所受洛伦兹力的大小也不改变，加之洛伦兹力的方向始终与速度方向垂直，正好起到了向心力的作用。所以，在不计重力的情况下，**沿着与磁场垂直的方向射入磁场的带电粒子，在匀强磁场中将做匀速圆周运动**，如图 3-28 所示。

由于洛伦兹力成为带电粒子做匀速圆周运动的向心力，所以有

$$qvB=\frac{mv^2}{r}$$

式中 m 为粒子的质量。

由上式可求出粒子做圆周运动时的轨道半径

$$r=\frac{mv}{qB}$$

可以看出，当 m、q、B 一定时，r 和 v 成正比，说明带电粒子速度越大，它在磁场中运动的轨道半径越大。

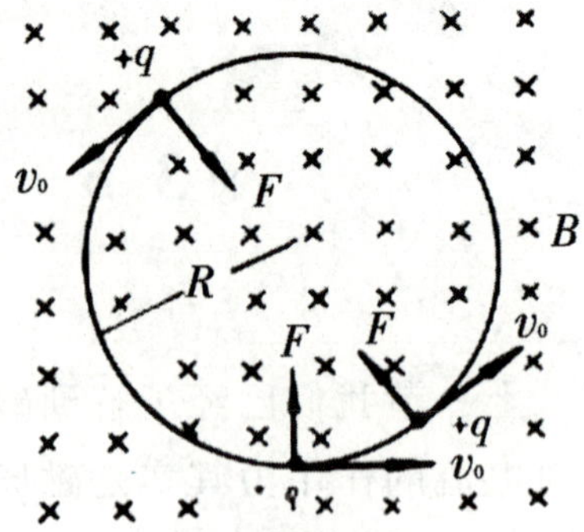

图 3-28　带电粒子在匀速磁场中做匀速圆周运动

根据上式，还可得出带电粒子在磁场中做匀速圆周运动的周期

$$T=\frac{2\pi r}{v}=\frac{2\pi m}{qB}$$

从该式可知，周期 T 和速度 v、轨道半径 r 无关，只与带电粒子的质量与所带电荷量的比值——质荷比有关。

【例题】 一电子以垂直磁场方向进入一匀强磁场，设电子速度为 $v=1\times10^{7}$ m/s，磁感应强度 $B=2\times10^{-2}$ T，求电子所受洛伦兹力的大小、电子在磁场中的运动半径和周期。

解： 已知电子质量 $m=9.1\times10^{-31}$ kg，$q=1.6\times10^{-19}$ C，$v=1\times10^{7}$ m/s，$B=2\times10^{-2}$ T，则电子所受洛伦兹力的大小为

$$F=qvB=1.6\times10^{-19}\text{ C}\times1\times10^{7}\text{ m/s}\times2\times10^{-2}\text{ T}=3.2\times10^{-14}\text{ N}$$

在洛伦兹力作用下，电子做匀速圆周运动的向心力由洛伦兹力提供，即

$$qvB=\frac{mv^2}{r}$$

所以有

$$r=\frac{mv}{qB}=\frac{9.1\times10^{-31}\text{ kg}\times1\times10^{7}\text{ m/s}}{1.6\times10^{-19}\text{ C}\times2\times10^{-2}\text{ T}}=2.84\times10^{-3}\text{ m}$$

$$T=\frac{2\pi m}{qB}=\frac{2\times3.14\times9.1\times10^{-31}\text{ kg}}{1.6\times10^{-19}\text{ C}\times2\times10^{-2}\text{ T}}=1.876\times10^{-11}\text{ s}$$

练习五

1. 带电粒子在磁场中受到的力叫作__________，该力的方向可以用__________进行判定。

2. 通电导线在磁场中受到的安培力是__________的宏观表现。

3. 左手定则的内容是：伸开左手，使拇指与其余四指__________，并且都与手掌在同一个平面内；让__________从掌心进入，并使四指指向__________运动的方向，这时拇指所指的方向就是运动的__________在磁场中所受洛伦兹力的方向。

4. 对于安培力和洛伦兹力，以下说法正确的是(　　)。

　A. 通电导线在磁场中一定受安培力

　B. 只有通电导线与磁场垂直时才受安培力

C. 不管带电粒子做什么运动,洛伦兹力总不做功

D. 只有带电粒子在匀强磁场中做匀速圆周运动时,洛伦兹力才不做功

5. 关于洛伦兹力,以下说法正确的是(　　)。

A. 电荷处于磁场中一定受到洛伦兹力的作用

B. 运动电荷在磁场中一定受到洛伦兹力的作用

C. 洛伦兹力对运动电荷不做功

D. 洛伦兹力可以改变运动电荷的速度大小

6. 带电粒子以速度 v 垂直射入匀强磁场中,如图 3-29 所示,判断各带电粒子所受洛伦兹力的方向。

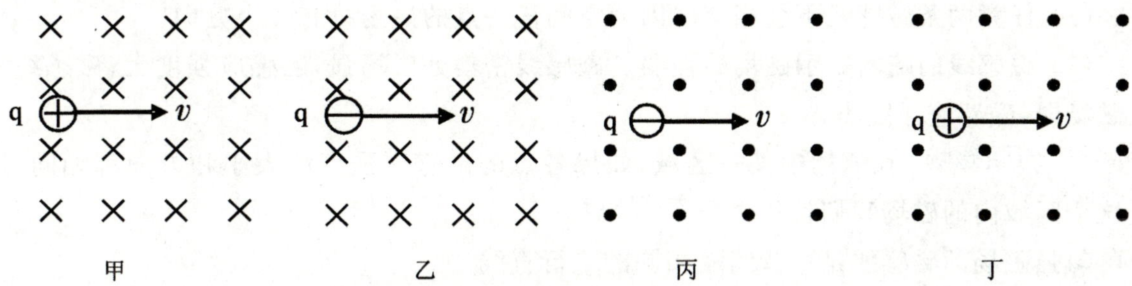

图 3-29　判断各图中带电粒子所受洛伦兹力的方向

7. 一个电子以 3×10^{7} m/s 的速度射入磁场中某点。已知其速度方向和磁感应强度方向垂直,电子受到的洛伦兹力为 4.8×10^{-11} N,电子的速度和洛伦兹力的方向如图 3-30 所示,求这一点磁感应强度的大小和方向。

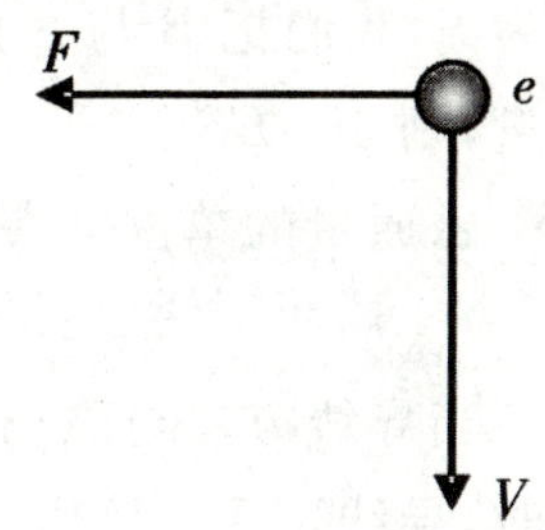

图 3-30　判断磁场方向

8. 有一个质量为 6.7×10^{-27} kg,电荷量为 3.2×10^{-19} C 的正电荷以 5×10^{4} m/s 的速度在磁感应强度为 2.6×10^{-2} T 的匀强磁场中运动,速度方向与磁场方向垂直。试求:

(1) 电荷在磁场中受到的力;

(2) 电荷在磁场中运动的轨道半径。

本章知识小结

1. 磁场　磁体的周围存在磁场。电流的周围也存在磁场。

物理学中把可以自由转动的小磁针静止时 N 极所指的方向规定为该点的磁场方向。

电流周围的磁场方向可以用安培定则来判断。

磁铁的磁场和电流的磁场一样,都是由电荷的运动产生的。

2. 磁感应强度　磁感应强度是描述磁场强弱和方向的物理量,用 B 表示。

磁感应强度的定义式为

$$B=\frac{F}{IL}$$

磁感应强度是矢量,其方向与磁场方向相同。

磁感应强度的单位由 F、I 和 L 的单位决定。在国际单位制中，磁感应强度的单位是特斯拉，简称特，符号是 T，$1\ \mathrm{T}=1\ \frac{\mathrm{N}}{\mathrm{A}\cdot\mathrm{m}}$。

3. 磁感线 为形象化描述磁场的强弱和方向，引入磁感线的概念，在磁场中画出一些带箭头的曲线，使曲线上每一点切线的方向都跟这点的磁感应强度的方向一致，这样的曲线就叫作磁感线。

磁感线的特点：

(1) 磁感线是闭合的曲线。在磁体外部，磁感线从 N 极出发，指向 S 极；而在磁体内部，磁感性从 S 极指向 N 极。

(2) 任意两条磁感线不会相交。因为空间任一点的磁场只有一个方向。

(3) 磁感线的疏密表示磁场的强弱。磁感线密集处磁场强，磁感应强度大；磁感线稀疏磁场弱，磁感应强度小。

4. 匀强磁场 在磁场中某一区域，如果各点的磁感应强度的大小和方向都相同，那么这个区域内的磁场我们就称之为**匀强磁场。**

匀强磁场的磁感线是一些间隔相同的平行直线。

5. 磁通量 设在磁感应强度为 B 的匀强磁场中，有一个与磁场方向垂直的平面，面积为 S，我们把 B 与 S 的乘积叫作穿过这个面积的**磁通量**，简称**磁通**。用字母 Φ 表示磁通量，则 $\Phi=BS$。

磁通量的单位是韦伯，符号是 Wb，$1\ \mathrm{Wb}=1\ \mathrm{T}\cdot\mathrm{m}^2$。

6. 磁场对通电导线的作用力 磁场对通电导线的作用力叫作安培力。

当导线方向与磁场方向垂直时，安培力的大小为 $F=BIL$；当导线方向与磁场方向平行时，导线不受安培力作用。

安培力的方向，用左手定则来判断。安培力的方向与电流方向、磁场方向都垂直。

7. 磁场对运动电荷的作用力 磁场对运动电荷的作用力叫作洛伦兹力。

当电荷速度方向与磁场方向垂直时，洛伦兹力的大小为：$F=qvB$；当电荷速度方向和磁场方向平行时，运动电荷不受洛伦兹力作用。

洛伦兹力的方向，用左手定则判断。洛伦兹力的方向是与电荷的运动方向垂直的，所以**洛伦兹力不改变带电粒子速度的大小**，或者说**洛伦兹力不对带电粒子做功**，不改变粒子的动能。

8. 带电粒子在匀强磁场中的运动 带电粒子的速度方向与磁场方向垂直时，带电粒子在洛伦兹力作用下在匀强磁场中做匀速圆周运动，洛伦兹力提供的向心力为

$$qvB=m\frac{v^2}{r}$$

带电粒子在匀强磁场中做匀速圆周运动的轨道半径和运动周期分别为

$$r=\frac{mv}{qB}$$

$$T=\frac{2\pi m}{qB}$$

阅读园地

奥斯特实验的重大意义

奥斯特对电流的磁效应的发现在物理学发展史上意义重大，安培和法拉第大加赞赏。安培写道："奥斯特先生……已经永远地把他的名字和一个新纪元联系在一起了。"19世纪最具影响力的科学家法拉第评论说："他突然打开了科学中通往一个黑暗领域的大门，使其充满光明。"

发现电流的磁效应绝非偶然 1777年，法国工程师、物理学家库仑开始研究静电和磁力问题，为减小摩擦，他用细头发丝或细丝线悬挂磁针，他发现线扭转时的扭力和磁针转过的角度成比例关系，从而可利用这种装置算出静电力和磁力的大小。他发明了扭秤，扭秤能以极高的精度测出非常小的力，1785～1789年，库仑用扭秤测量静电力和磁力，导出库仑定律。

伏打在深入研究伽伐尼电池的基础上，1800年3月宣布发明了伏打电池。

奥斯特，1777年8月14日生于丹麦的兰格朗岛鲁德乔宾一个药剂师家庭。12岁开始帮助父亲在药房里干活，坚持学习化学，1799年获得博士学位。1801～1803年奥斯特游学过德国、法国，1804年回国，1806被聘为哥本哈根大学物理、化学教授，研究电流和声等课题。

18世纪人们对电、磁的研究是独立发展的。19世纪初库仑、安培等科学家也认为电与磁不相关。而奥斯特深受哲学家康德(1724～1804)的自然力相统一思想的影响，深信"电与磁是有关系的"。1803年他断言："我们的物理学将不再是关于运动、热、空气、光、电、磁以及我们所知道的各种其他现象零散的罗列。我们将把整个宇宙容纳在一个体系中。"由于受牛顿思想的影响，人们对力的认识是：力都是沿着物体连线的方向。受这个观念的局限，奥斯特总是把磁针放在导线所在直线的延长线上，故实验均失败。

1820年4月，在一次晚上的讲座中，奥斯特将导线(铂丝)的一端和伽伐尼电池的正极相连接，他碰巧在沿南北方向放置的导线下放有一枚小磁针，导线的另一端接到电池负极时小磁针转动了。实验虽然没有给台下的观众留下什么印象却使奥斯特激动万分，他紧紧抓住这个实验并研究3个月(当时奥斯特43岁)。

1820年，他发表论文并指出：在电流周围，小磁针的指向形成一个闭合的圆周。这正是"场"思想的开端，电流磁效应的发现，打破了电与磁不相关的传统信条，猛然打开了一扇大门，使人们进入了电与磁联系这个长期闭锁的研究领域，为实现物理学的一次大综合开辟了广阔的道路。

奥斯特实验对安培的影响 奥斯特实验震动了整个科学界，他证实了电与磁之间的联系，激发了科学家们的探索热情。

安培比奥斯特大2岁。1820年9月11日，安培在得知奥斯特实验的第二天就重复了奥斯特的实验并有了新发现，于9月18日发表论文，提出了磁针转动方向和电流方向的关系服从右手螺旋定则，即安培定则。1822年进而发现电流产生磁力的定律，从而奠定了电动力学的基础(当时安培47岁)。安培最有影响力的科学工作是在电磁学领域，麦克斯韦把安培称作"电学中的牛顿"。

奥斯特实验对欧姆的影响 欧姆比奥斯特小12岁，1805年，16岁的欧姆进入埃尔兰根大学学习数学、物理和哲学。由于经济困难，中途辍学，到1811年22岁时，欧姆重新回到埃尔兰根，以论文《光线和色彩》完成学业获得博士学位，在埃尔兰根欧姆做了3个学期的数学讲师，后去班堡中学任教。

欧姆定律的发现也用到了奥斯特的"检流计"。欧姆于1827年出版《伽伐尼电路的数学论述》一书(当时欧姆38岁)，奠定了这位德国物理教师在物理学上的地位。

奥斯特实验对法拉第的影响 英国著名的自学成才的科学家法拉第比欧姆小2岁。他出身贫苦，因家庭贫困仅上过几年小学，13岁时便在一家书店里当学徒，自学化学和电学，并动手做简单的实验，听英国化学家戴维的讲座。他爱好科研，专心致志，受到戴维的赏识，1813 年 3 月由戴维举荐到皇家研究所任实验室助手。

1820 年奥斯特的发现深深吸引住了法拉第，既然“电能生磁”，法拉第相信“磁也能生电”，他进行了 10 年的研究，经历了无数次失败。1831 年 8 月 29 口，法拉第把两个线圈绕在同一个铁环上，一个线圈接到电源上，另一个线圈接入“电流表”——检流计。给一个线圈通电后断电的瞬间，另一个线圈中出现了电流（当时法拉第 40 岁）。法拉第发现电磁感应现象时还没有电流表，法拉第发现电磁感应现象也用到了奥斯特实验的原型“检流计”。

奥斯特实验对亨利的影响　亨利比法拉第小 6 岁，美国物理学家。他 10 岁就辍学，在一家乡村小店当学徒，由于他聪明好学，老板很喜欢他，就让他半天去学习，还带他去教堂图书馆看书，养成了他良好的自学、钻研的习惯。亨利 17 岁在奥尔贝尼学院上夜校，只用了 7 个月就取得乡村小学教师资格。1832 年，他应聘任新泽西学院（现在的普林斯顿大学）自然哲学教授。1867 年被选为美国国家科学院第一任院长。

亨利在物理学方面的主要成就是对电磁学的独创性研究。1829 年他用绝缘导线代替裸铜线制作了多匝线圈电磁铁。1829 年 8 月亨利在做实验时发现，通有电流的线圈在断路时有电火花产生，他继续对这种现象进行研究。1830 年 8 月亨利在研究绕有不同长度导线的电磁铁所产生的磁力大小时，在一软铁条（较纯的铁）的中部用细铜丝绕一个线圈，用细铜丝将线圈的两端与 12 m 远处的电流计连接，然后把这绕有线圈的铁芯放在电磁铁的两端，当电磁铁与电池接通时，他惊奇地发现电流计指针突然发生偏转，但只有一瞬间，当把电源切断时，电流计指针也瞬时偏转，只是偏转方向与通电时相反。随后，亨利在 1831 年 8 月做了一个大的电磁铁，还做了一个大“卷筒”，想做一台直流发电机。暑假已经结束，他不得不终止了进一步的研究，错过了发表发现电磁感应现象这一成果的时机。这比法拉第的发现几乎早一年，遗憾的是亨利没有及时公开发表自己的实验结果。

1831 年，亨利制成了体积不大的电磁铁能吸起 1 吨的铁块，这在当时是创纪录的成就，为改进发电机打下了基础（当时亨利 34 岁）。

1831 年，他在 1.6 km 的距离两端成功地操作了自己设计的电报机，不重名利的亨利又没有申请专利权。

1832 年他发表论文，宣布发现了自感现象，他还发现变压器工作时依据的基本定律。

在亨利进行电磁学独创性研究的年代，奥斯特的实验研究对亨利是有深远影响的。

很多著名学者提出自己的创新理论或创立著名学说时的年龄都在 30 多岁至 40 多岁，而在我国的“应试教育”里，中学生穷于应付考试，学生普遍缺少动手实践的能力。培养学生的好奇心和献身科学的探索精神，应从基础教育抓起。在物理教学中培养学生的科学精神、科学思想，对学生进行科学方法的教育，发掘教材中相关实验内容非常重要。

复　习　题

一、选择题

1. 关于洛伦兹力和安培力的描述正确的是（　　）。

A. 通电直导线在匀强磁场中一定受到安培力的作用

B. 安培力是大量运动电荷所受洛伦兹力的宏观表现

C. 带电粒子在匀强磁场中运动时受到的洛伦兹力对它做正功

D. 通电直导线在磁场中受到的安培力方向与磁场方向平行

2. 关于磁场，下面描述正确的是(　　)。

A. 磁场是假想的，并不真的存在

B. 磁场实际上就是电场

C. 磁场是由电荷的运动产生的

D. 磁场只能由磁体产生

3. 下列关于磁场和磁感线描述正确的是(　　)。

A. 磁感线从磁体的N极出发到磁体的S极终止

B. 能自由转动的小磁针处在通电螺线管内部时，其N极指向螺线管的N极

C. 磁感线的方向就是磁场方向

D. 两条磁感线的空隙处不存在磁场

4. 关于磁感应强度，下列说法正确的是(　　)。

A. 磁感应强度 B 与通电导体受到的磁场力 F 成正比

B. 磁感应强度 B 与通过导体的电流 I 成反比

C. 磁感应强度 B 与磁场中导体长度 L 成反比

D. 磁感应强度 B 由磁场本身决定，与 F，I，L 均无关

5. 首先发现电流磁效应的科学家是(　　)。

A. 安培　　B. 奥斯特　　C. 库仑　　D. 伏打

6. 下列各图中运动电荷的速度方向、磁感应强度方向和电荷受力方向之间的关系正确是(　　)。

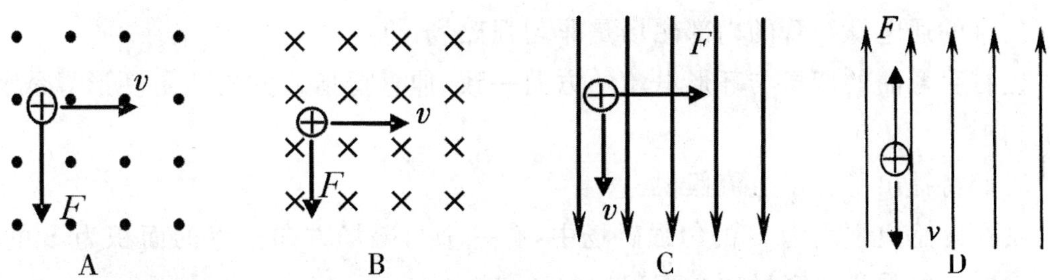

7. 一根通电直导线在某个空间没有受到安培力的作用，那么(　　)。

A. 这个空间一定没有磁场

B. 这个空间可能有方向与电流方向平行的磁场

C. 这个空间一定有方向与电流方向垂直的磁场

D. 这个空间可能有方向与电流方向垂直的磁场

二、填空题

1. 电流周围的磁场方向，可用__________定则来判断。对于直线电流，判断方法是：右手握住导线，让伸直的拇指所指的的方向与__________一致，弯曲的四指所指的方向就是__________环绕的方向。

2. 可自由转动的小磁针静止时总是南北指向，证明地球是一个__________。

3. 当通电导线与磁场方向垂直时，它受到的安培力最__________(选填“大”或

"小"),此时,安培力的大小为________;当通电导线与磁场方向平行时,它受到的安培力最________(选填"大"或"小"),此时,安培力的大小为________。

4. 天然磁铁和人造磁铁都叫________,它们都能吸引铁质物体,这种性质叫作________。

5. 磁极间有相互作用,同名磁极相互________,异名磁极相互________。

6. 物理学中把可自由转动的小磁针静止时________极所指的方向规定为该点的磁场方向。

7. 磁铁磁性最强的区域叫作________,每块磁铁都有两个磁极,分别叫________和________。

8. 当电荷速度方向与磁场方向垂直时,该运动电荷受到的洛伦兹力最________(选填"大"或"小"),此时,洛伦兹力的大小为________;当电荷速度方向与磁场方向平行时,该运动电荷受到的洛伦兹力最________(选填"大"或"小"),此时,洛伦兹力的大小为________。

9. 用左手定则来判断安培力的方向时,四指指向________方向;用左手定则来判断洛伦兹力的方向时,四指指向________方向。

10. 当带电粒子垂直进入匀强磁场后将会做____________运动。

三、判断题

1. 在磁场中画出一些曲线,使曲线上每一点的切线方向都和这点的磁感应强度的方一致,这样的曲线叫作磁感线。(　　)

2. 磁感线从 N 极出发,终止到 S 极,是不闭合的曲线。(　　)

3. 长直的通电螺线管的内部磁场是非匀强磁场。(　　)

4. 让右手弯曲的四指与环形电流的方向一致,伸直拇指的方向就是环形导线轴线上磁场的方向。(　　)

5. 奥斯特提出了分子电流假说。(　　)

6. 设在磁感应强度为 B 的匀强磁场中,有一个与磁场方向垂直的面积为 S 的平面,我们把 B 与 S 的乘积叫穿过这个面积的磁通量。(　　)

7. 磁体可以无限分割,而单磁极也能存在。(　　)

8. 磁感线可以用细铁屑来显示,因而是真实存在的。(　　)

9. 通电导线在磁场中一定受到安培力的作用。(　　)

10. 电荷在磁场中一定受到洛伦兹力的作用。(　　)

四、计算题

1. 在匀强磁场中有一根长为 0.4 m 的通电直导线,导线中电流为 10 A,这条导线与磁场方向垂直,如图 3-31 所示,它所受到的安培力为 0.16 N。

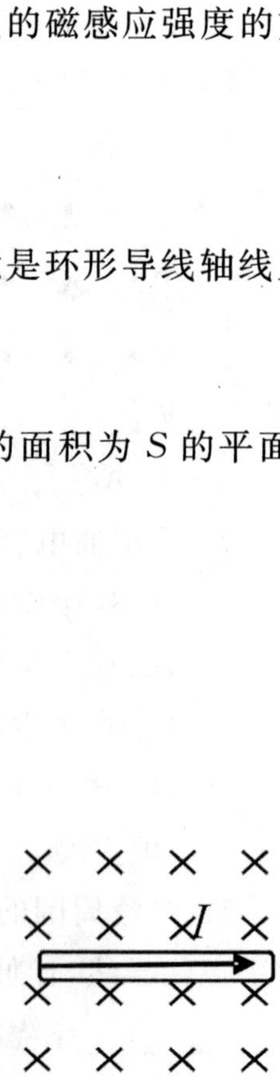

图 3-31

求:(1) 磁感应强度的大小;

(2) 判断导线受到安培力的方向,如将导线从磁场中取走,该磁场的磁感应强度是多大？

2. 某电子的速度 3.0×10^6 m/s，沿着与磁场垂直的方向射入 $B=0.2$ T的匀强磁场中，如图 3-32 所示。

求：(1)电子受到的洛伦兹力是多大；

(2)判断电子受到洛伦兹力的方向并在图上画出。

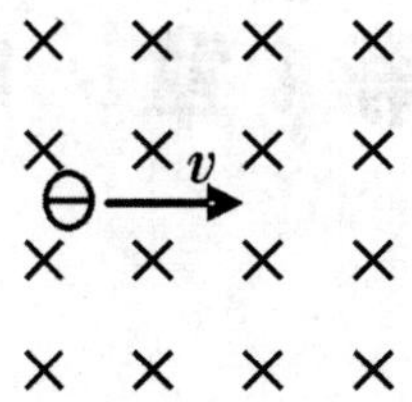

图 3-32

第4章　电磁感应

自从1820年丹麦物理学家奥斯特发现了电流的磁效应后，人们就对称性地思考：既然电流能够产生磁场，是否磁场也能产生电流呢？不少科学家进行了这方面的探索，都没有发现“磁生电”的效应。直到1831年，英国的物理学家法拉第敏锐地认识到，“磁生电”是一种在变化、运动的过程中才能出现的效应，于是他在以往实验的基础上又设计并动手做了几十个实验，终于发现了电磁感应现象，揭示了电和磁的联系，导致了发电机、电动机的发明，使人类大规模地利用电能成为可能。

本章主要学习电磁感应现象、电磁感应发生的条件、电磁感应现象所遵循的规律及其应用。

§4.1　电磁感应现象

电磁感应现象　如图4-1所示，把一根直导线水平地悬挂在磁场中，导体两端A、B分别接在电流表的两个接线柱上，组成一个闭合回路。当直导线在磁场中做切割磁感线运动时，电流表的指针发生偏转，说明回路中产生了电流，像这种利用磁场能够产生电流的现象叫作**电磁感应现象**，产生的电流叫作**感应电流**。

产生感应电流的条件　产生感应电流的条件是什么呢？下面我们就来研究这个问题。

在刚才的演示实验（如图4-1所示）中，磁场的磁感应强度B没有变化，而直导线切割磁感线运动时，闭合电路$ABCD$在磁场中所包围的面积S发生了变化（如图4-2所示）。前边学过，磁通量$\Phi=BS$，尽管磁感应强度B没有变化，但回路的面积S发生了变化，所以穿过回路的磁通量即磁感线条数也发生变化。

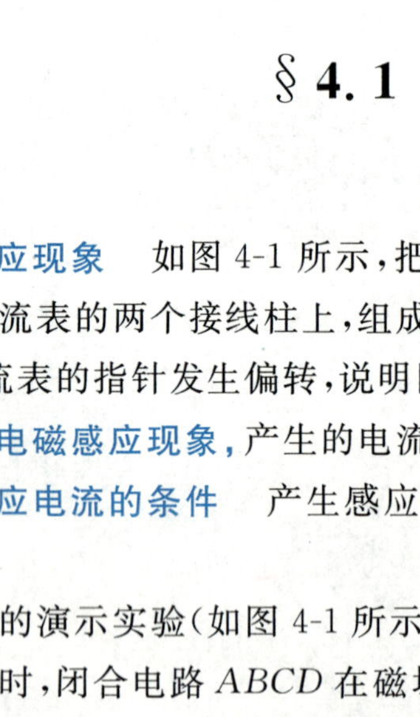

图4-1　导线切割磁感线时产生感应电流

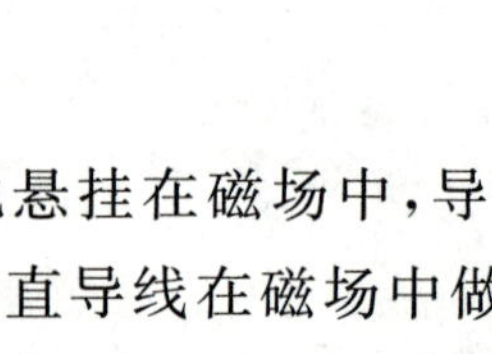

图4-2　磁场不变，回路面积变化

所以上边的演示实验中出现的感应电流是穿过回路的磁通量变化引起的。

如果闭合回路包围的面积 S 不变，而磁感应强度 B 变化引起磁通量变化时，是否也会产生感应电流？下面我们再来看两个演示实验。

如图 4-3 所示，使线圈不动，把磁铁插入、抽出时，电流表指针有偏转，说明线圈 B 中产生了感应电流。

如图 4-4 所示，把线圈 A 插到线圈 B 中，使它们不动。用开关闭合、再断开线圈 A 的电路时，电流表指针会发生偏转，说明线圈 B 中产生了感应电流；保持开关闭合，滑动变阻器向右、向左滑动时，电流表指针会发生偏转，说明线圈 B 中也产生了感应电流。

在这两个演示实验中，线圈所包围回路的面积没有改变，但线圈中的磁感应强度发生了变化，因此，穿过线圈的磁通量也发生了变化，从而在回路中产生感应电流。在图 4-3 所示的实验中，当磁铁插入线圈 B 时，穿过线圈 B 的磁通量增加；当磁铁从线圈 B 中抽出时，穿过线圈 B 的磁通量减少。在图 4-4 所示的实验中，闭合开关时，线圈 A 中电流增大（由零变到最大），它周围的磁场增强（由零变到最大），所以，穿过线圈 B 的磁通量增加；当断开开关时，线圈 A 中电流减小到零，它周围的磁场减弱到零，所以，穿过线圈 B 的磁通量减少；当保持开关闭合，让滑动变阻器左右滑动时，线圈 A 中的电流也会变化，线圈 A 周围的磁场也发生变化，从而引起穿过线圈 B 的磁通量发生变化。

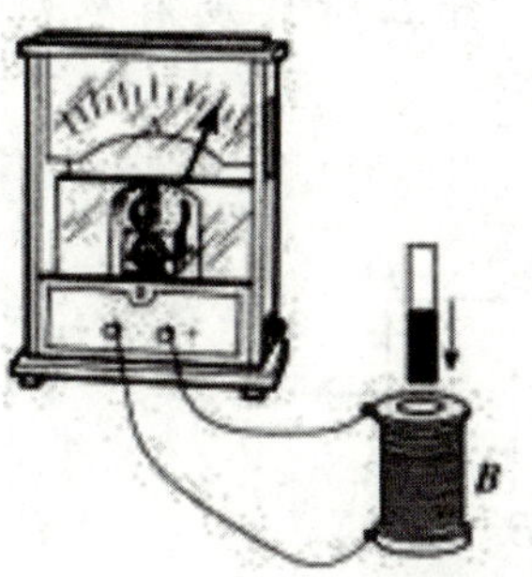

图 4-3　磁铁插入、抽出或停在线圈中，电表指针如何变化

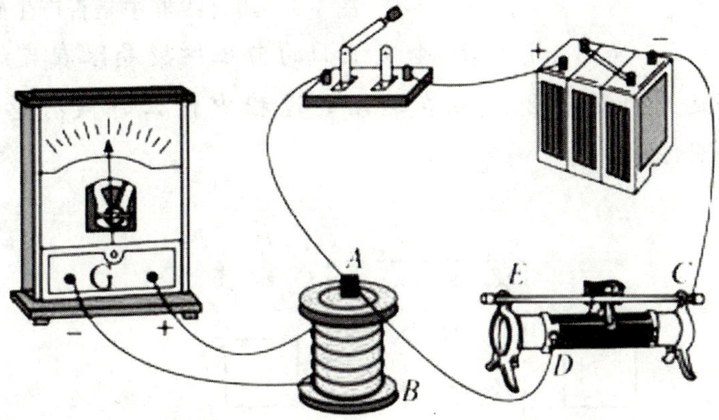

图 4-4　用开关或变阻器控制一个线圈中的电流，能在另一个线圈中产生感应电流吗

综合以上实验可以看出，**只要穿过闭合导体回路的磁通量发生变化，闭合导体回路就有感应电流。**这就是产生**感应电流的条件**。

练习一

1. 如图 4-5 所示，磁场垂直纸面向里，导体 AB 向右运动的过程中，穿过闭合电路 $ABEF$ 的磁通量＿＿＿＿＿（选填“变大”、“不变”或“变小”），闭合电路中＿＿＿＿＿（选填“有”或“没有”）感应电流产生。

2. 如图 4-4 所示，探究产生电磁感应现象条件的实验中，当闭合开关瞬间，电流表中＿＿＿＿＿电流；闭合开关后保持变阻器的滑动头位置不变时，电流表中＿＿＿＿＿电流；闭合开关后将线圈 A 从线圈 B 中抽出时，电流表中__________电流（以上三空均选填“有”或“无”）。

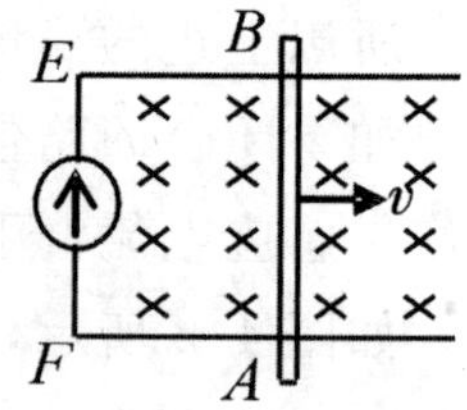

图 4-5　导线做切割磁感线运动

3. 在如图 4-3 所示的实验中，能在线圈中产生感应电流的是（　　）。

A. 磁铁 N 极停在线圈中

B. 磁铁 S 极停在线圈中

C. 磁铁静止在线圈左侧

D. 磁铁从线圈内抽出的过程

4. 如图 4-6 所示，矩形线框在匀强磁场内所做的各种运动中，能够产生感应电流的是（　　）。

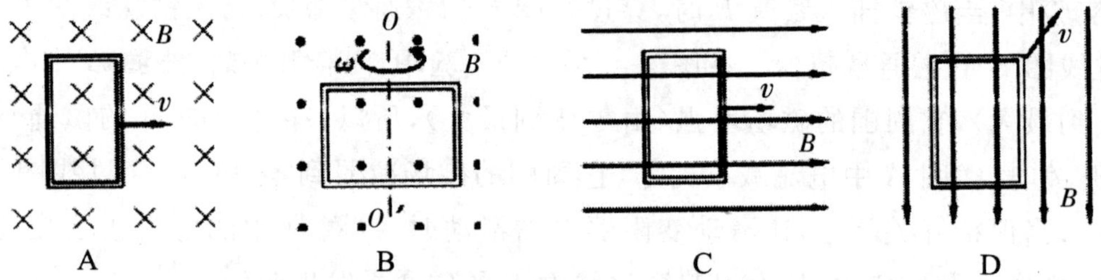

图 4-6　闭合线框中是否产生感应电流

5. 如图 4-7 所示，垂直纸面的匀强磁场局限在虚线框内，闭合线圈由位置 1 穿过虚线框运动到位置 2，线圈在运动的过程中什么时候有感应电流？什么时候没有感应电流？为什么？

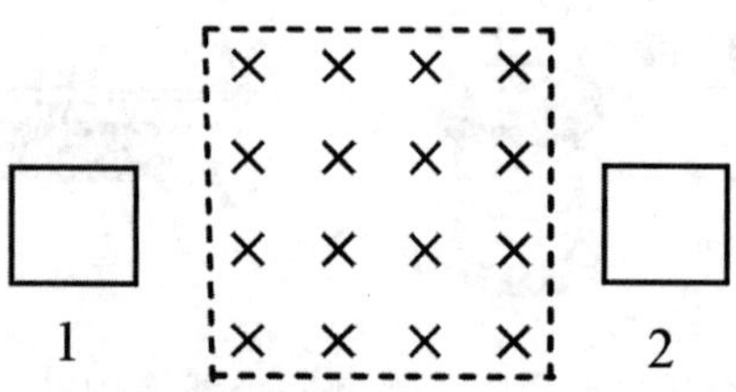

图 4-7　线圈中何时有感应电流

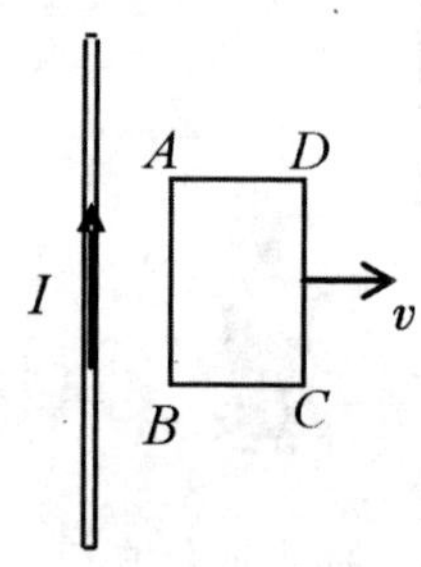

图 4-8　线圈中有没有感应电流

6. 如图 4-8 所示，矩形线圈 $ABCD$ 位于通电长直导线附近，线圈与导线在同一平面内，线圈的两个边与导线平行。在这个平面内，线圈远离导线移动时，线圈中有没有感应电流？线圈和导线都不动，当导线中的电流 I 逐渐增大或减小时，线圈中有没有感应电流？为什么？（提示：长直导线中电流越大，它产生的磁场就越强；离长直导线越近，它的磁场就越强。）

§4.2　感应电流的方向和楞次定律

感应电流的方向　感应电流的方向与哪些因素有关呢？因为感应电流是由磁场产生的，所以感应电流的方向与磁场方向有关，同时只有当磁通量变化时，才会产生感应电流，所以感应电流的方向还与磁通量的变化（增加或减少）有关。下面我们就通过演示实验来研究感应电流的方向与磁场方向、磁通量的关系。

我们按照上一节的图4-3所示的装置来做演示实验。条形磁铁在线圈中的运动，可分为N极或S极插入、N极或S极抽出这样四种情况，如图4-9所示。

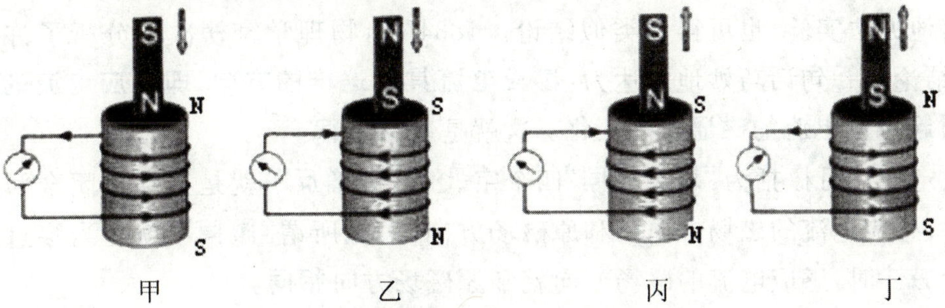

图4-9　研究感应电流方向的实验记录

我们通过演示实验来完成以下表格。

动作 现象	N极插入	S极插入	N极抽出	S极抽出
原磁场 B 方向				
磁通量变化情况（增加或减少）				
感应电流方向				
感应电流的磁场 B' 方向				
B 和 B' 方向关系（相同或相反）				

分析表格数据信息可得，当磁铁的N极靠近线圈时，原磁场方向（实线所示）向下，穿过线圈的磁通量增加，线圈中感应电流的磁场方向（虚线所示）跟原磁场方向相反，阻碍磁铁向下运动，从而阻碍磁通量的增加（如图4-10甲所示）；当磁铁的N极离开线圈时，原磁场方向向下，穿过线圈的磁通量减少，线圈中感应电流的磁场方向跟原磁场方向相同，阻碍磁铁向上运动，从而阻碍磁通量的减少（如图4-10乙所示）。所以，不管N极靠近线圈，还是离开线圈，感应电流的磁场总是要阻碍引起感应电流的磁通量的变化。用S极的数据分析，结果也一样。

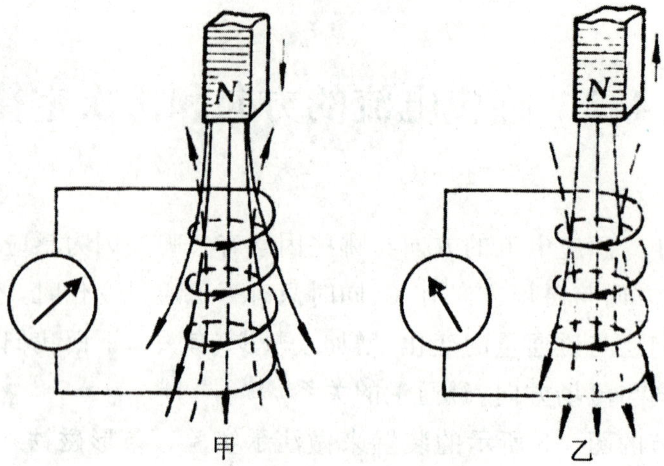

图 4-10 感应电流磁场方向和原磁场方向的关系

用其他方法实验，也可得出类似结论。1834 年，物理学家楞次在分析了许多实验事实后，该结论用一句话巧妙地表达为：感应电流具有这样的方向，即感应电流的磁场总是要阻碍引起感应电流的磁通量的变化。这就是楞次定律。

楞次定律还可概括为"增反减同"四个字。所谓"增反"，就是当穿过闭合回路的磁通量增加时，感应电流的磁场方向就和原磁场方向相反；所谓"减同"，就是当穿过闭合回路的磁通量减少时，感应电流的磁场方向就和原磁场方向相同。

楞次定律的应用　应用楞次定律来判断感应电流方向时，可按以下步骤进行：

1. 明确闭合回路中原磁场的方向和磁通量的增减情况；
2. 根据楞次定律确定感应电流的磁场方向；
3. 根据感应电流的磁场方向，利用安培定则确定感应电流的方向。

【例题 1】如上一节课后练习第 6 题的图 4-8 所示，在长直导线附近有一个矩形线圈 $ABCD$，线圈与导线始终在同一平面内。当矩形线圈水平向右移动时，判断线圈中产生的感应电流方向。

解：以矩形线圈 $ABCD$ 为研究对象，考察矩形线圈 $ABCD$ 内部的原磁场方向和磁通量的增减情况。

(1) 根据通电直导线周围的磁场分布规律可知，矩形线圈 $ABCD$ 内部的原磁场方向垂直纸面向里，用×表示（如图 4-11 所示）。当矩形线圈 $ABCD$ 水平向右移动时，穿过它内部的磁通量减少；

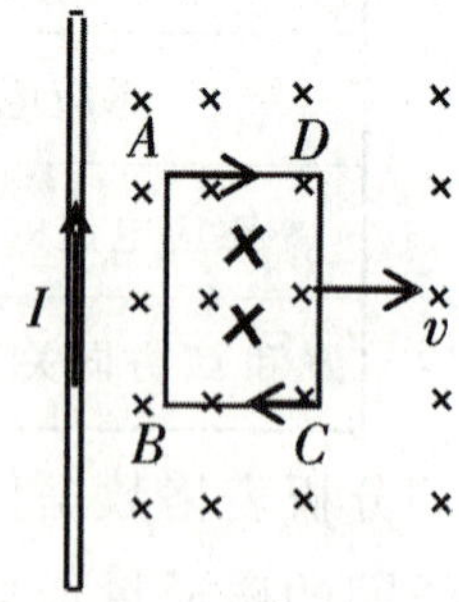

图 4-11 判断线圈中感应电流的方向？

(2) 因为穿过矩形线圈 $ABCD$ 的磁通量减少，根据楞次定律可知，矩形线圈 $ABCD$ 中产生的感应电流的磁场方向也是垂直纸面向里（与原磁场方向相同），用粗体的×表示（如图 4-11 所示）；

(3) 根据感应电流的磁场方向，用安培定则可以判定感应电流的方向是沿着 $BADC$ 方向（顺时针方向）。

【例题 2】如图 4-12(a)所示，闭合电路 $abcd$ 的平面跟磁场垂直。当导线 ab 在 da、cb 边上向右滑动时，ab 边中产生的感应电流是什么方向的？

解：以闭合电路 $abcd$ 为研究对象，分析闭合电路 $abcd$ 内部的原磁场方向和磁通量的增减情况。

(1) 闭合电路 $abcd$ 内部的原磁场方向垂直纸面向里。当 ab 边向右滑动时,闭合电路 $abcd$ 中的磁通量增加,如图 4-12(b)所示;

(2) 根据楞次定律可知,闭合电路 $abcd$ 中产生的感应电流的磁场方向与原磁场方向相反,即垂直纸面向外,如图 4-12(c)所示;

(3) 根据感应电流的磁场方向,用安培定则可判定感应电流的方向是沿 $badc$ 方向流动的,即 ab 边中产生的感应电流方向是从 b 流向 a,如图 4-12(c)所示。

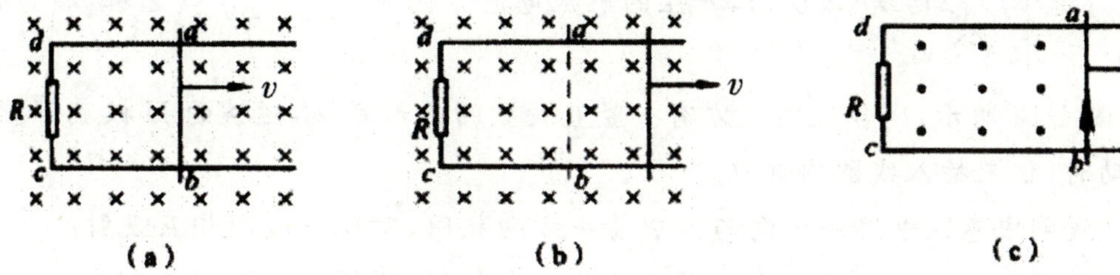

图 4-12 判断导线 ab 中感应电流的方向

右手定则 当闭合导体回路的一部分做切割磁感线的运动时(例如,上边例题 2 所描述的情况)产生的感应电流的方向,还可以用右手定则来判断。

伸开右手,使拇指与其余四指垂直,并都与手掌在同一平面内;让磁感线从掌心进入,并使拇指指向导线运动的方向,这时四指所指的方向就是感应电流的方向。这就是判定导线切割磁感线时感应电流方向的**右手定则。**

上边例题 2,可以在图 4-12(a)上,直接用右手定则判定 ab 边中产生的感应电流方向是从 b 流向 a,比用楞次定律要简便得多。

需要指出的是,右手定则只适用于判定导线切割磁感线时产生的感应电流的方向,而楞次定律适用于判定所有电磁感应现象中产生的感应电流的方向。

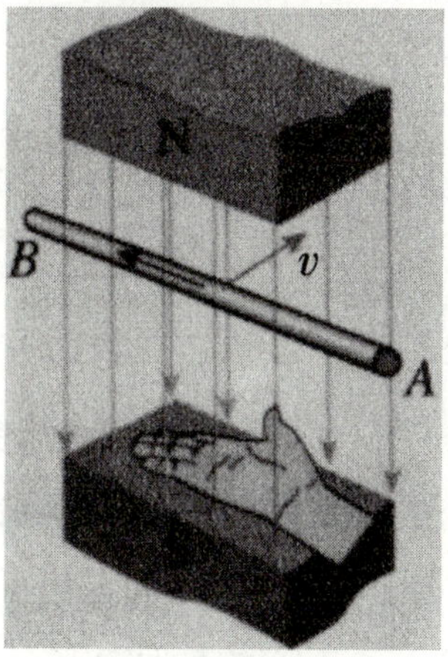

图 4-13 右手定则

练习二

1. 感应电流具有这样的方向,即感应电流的磁场总是要__________引起感应电流的磁通量的变化。这就是楞次定律。

2. 用右手定则判定导线切割磁感线时产生的感应电流的方向时,让磁感线从__________进入,并使拇指指向____________________,这时四指所指的方向就是感应电流的方向。

3. 通电直导线 A 与矩形线框 B 在同一水平面上,A 中电流方向如图 4-14 所示。当线框 B 在外力的作用下水平向左移动时,线框 B 中产生的感应电流沿__________时针方向。

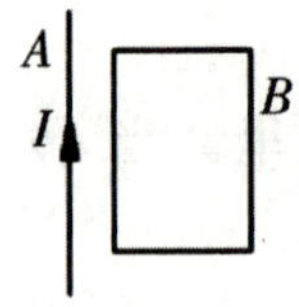

图 4-14

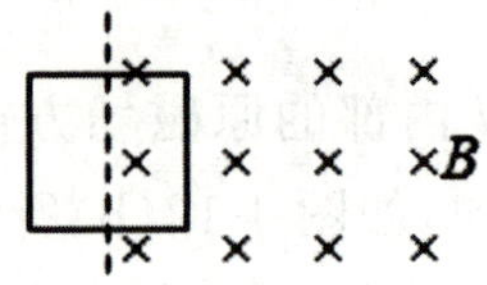

图 4-15

4. 如图 4-15 所示，一正方形金属线框，以一定的速度向右进入磁感应强度为 B 的匀强磁场，线框平面始终与磁场方向垂直。在线框进入磁场的过程中，穿过该线框的磁通量__________（选填“增加”或“减少”），产生的感应电流方向为__________（选填“顺时针”或“逆时针”）。

5. 如图 4-16 所示，闭合线圈上方有一竖直放置的条形磁铁，磁铁的 N 极朝下。当磁铁向下运动时(但未插入线圈内部)(　　)。

A. 线圈中感应电流的方向与图中箭头方向相同，磁铁与线圈相互吸引

B. 线圈中感应电流的方向与图中箭头方向相同，磁铁与线圈相互排斥

C. 线圈中感应电流的方向与图中箭头方向相反，磁铁与线圈相互吸引

D. 线圈中感应电流的方向与图中箭头方向相反，磁铁与线圈相互排斥

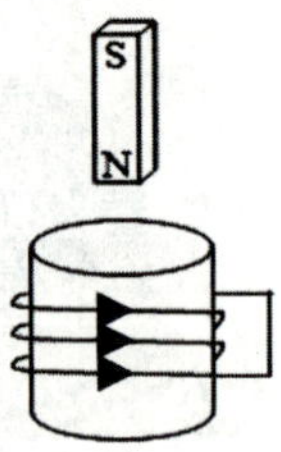

图 4-16

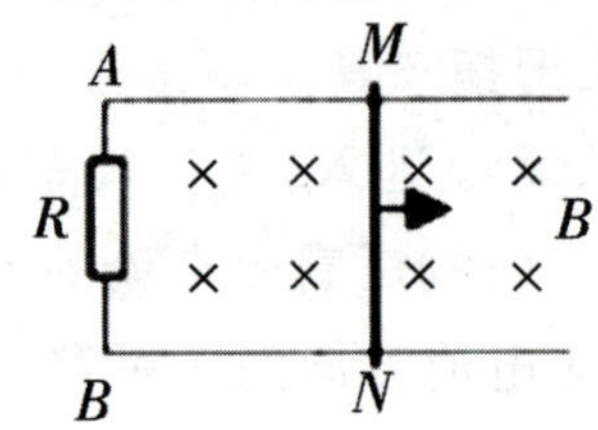

图 4-17

6. 如图 4-17 所示，当导线棒 MN 在外力作用下沿导轨 AM、BN 向右运动时，流过 R 的电流方向是(　　)

A. 由 $A \to B$　　　　B. 由 $B \to A$

C. 无感应电流　　　　D. 无法确定

§4.3　法拉第电磁感应定律

感应电动势　我们知道，穿过闭合导体回路的磁通量发生变化，其中就有感应电流。既然有了电流，电路中必定有电源或相当于电源的电路部分，电源有电动势，它为电路提供电能。所以当穿过闭合导体回路的磁通量发生变化时，闭合导体回路中一定存在电动势，如果电路没有闭合，这时虽然没有感应电流，但电动势依然存在。在电磁感应现象中产生的电动势叫作**感应电动势**。产生感应电动势的那部分导体，如切割磁感线的导线、磁通量变化的线圈，在电路中所起到的作用就相当于电源。那么，感应电动势的大小与哪些因素有关呢？

在用导线切割磁感线产生感应电流的实验中，导线切割磁感线的速度越快，穿过闭合导体回路的磁通量变化也就越快，产生的感应电流越大；在向线圈中插入条形磁铁的实验中，磁铁插入的速度越快，穿过线圈的磁通量变化就越快，产生的感应电流就越大。结合这些实验，我们分析，感应电动势与磁通量变化的快慢有关，而磁通量变化的快慢可以用磁通量的变化率来表示。穿过闭合电路的磁通量的变化量与所用时间的比值（$\Delta\Phi/\Delta t$）叫**磁通量的变化率。**

电磁感应定律　闭合电路中感应电动势的大小，跟穿过这一电路的磁通量的变化率成正比。 这就是**法拉第电磁感应定律。**

如果在时刻 t_1 穿过闭合电路的磁通量为 Φ_1，在时刻 t_2 穿过闭合电路的磁通量为 Φ_2，在时间 $\Delta t=t_2-t_1$ 内，磁通量的变化量就是 $\Delta\Phi=\Phi_2-\Phi_1$，磁通量的变化率就是 $\frac{\Delta\Phi}{\Delta t}$。用 E 表示闭合电路中的感应电动势，电磁感应定律就可以表示为

$$E=k\frac{\Delta\Phi}{\Delta t}$$

式子中的 k 是比例常数，它的数值与单位的选择有关。在国际单位制中，磁通量的单位是韦伯（Wb）、时间的单位是秒（s）、电动势的单位用伏特（V），这时 $k=1$，所以在国际单位制中，上式可以写成

$$E=\frac{\Delta\Phi}{\Delta t}$$

闭合电路常常是一个匝数为 n 的线圈，而穿过每匝线圈的磁通量都是相同的，而这样的线圈可以看成是由 n 个单匝线圈串联而成的，因此整个线圈中的感应电动势是单匝线圈的 n 倍，即

$$E=n\frac{\Delta\Phi}{\Delta t}$$

这就是法拉第电磁感应定律的表达式。

应用该公式时，$\Delta\Phi$ 应取绝对值，感应电动势（或感应电流）的方向还需要用楞次定律来判断。

导线切割磁感线时的感应电动势　法拉第电磁感应定律适用于所有电磁感应现象中感应电动势大小的计算。对于导线切割磁感线这种特殊的电磁感应现象，我们可以根据法拉第电磁感应定律推导出一种更简单、更便于应用的公式，来计算其感应电动势的大小。

如图 4-18 所示，把矩形线框 $abcd$ 放在磁感应强度为 B 的匀强磁场里，线框平面与磁感线垂直。设线框可滑动部分 ab 的长为 l，它以速度 v 向右移动。根据法拉第电磁感应定律可以推导出，在闭合电路 $abcd$ 中产生的感应电动势的大小为

$$E=Blv$$

应用该公式求感应电动势时要注意以下几点：

(1) 该公式只适用于计算做切割磁感线运动的导线中的感应电动势，不适于计算磁通量变化的线圈中的感应电动势；

(2) 在国际单位制中,E、B、l、v 的单位分别是伏特(V)、特斯拉(T)、米(m)、米每秒(m/s);

(3) 当且仅当 $B\perp v$ 时,该公式才成立。当速度方向和磁场方向夹角为 θ 时,公式变成 $E=Blv\sin\theta$,所以,当导线切割磁感线的速度方向和磁场方向夹角为 0°或 180°时,感应电动势最小,其值为 0;当导线切割磁感线的速度方向和磁场方向夹角为 90°时,即当 $B\perp v$ 时,感应电动势最大,其值为 Blv。

【例题 1】有一个 50 匝的线圈,穿过它的磁通量在 0.01 s 内有 6×10^{-2} Wb 减小到 2×10^{-2} Wb。线圈中产生的感应电动势是多大?

解: 已知 $n=50$ 匝,$\Delta t=0.01\text{s}$,$\Delta\Phi=6\times10^{-2}\ \text{Wb}-2\times10^{-2}\ \text{Wb}=4\times10^{-2}\ \text{Wb}$(无论磁通量增加还是减少,在应用法拉第电磁感应定律时,$\Delta\Phi$ 只取正,不取负。)

根据法拉第电磁感应定律,线圈中产生的感应电动势为

$$E=n\frac{\Delta\Phi}{\Delta t}=50\times\frac{4\times10^{-2}}{0.01}\ \text{V}=200\ \text{V}$$

【例题 2】如图 4-18 所示,把矩形线框 $abcd$ 放在磁感应强度为 B 的匀强磁场里,线框平面与磁感线垂直。$B=0.4$ T,线框可滑动部分导体 ab 的长为 $l=0.5$ m,当导体 ab 以 5 m/s 的速度水平向右滑动时,导体 ab 中产生的感应电动势的大小是多少?若这个线框的总电阻 $R=0.5\ \Omega$,则线框中电流是多大?方向如何?

解: 已知 $B=0.4$ T,$l=0.5$ m,$v=5$ m/s,$R=0.5\ \Omega$,求感应电动势 E 大小和感应电流 I 的大小和方向。由于导体切割磁感线的运动方向与磁场方向垂直,所以导体 ab 中产生的感应电动势为

$$E=Blv=0.4\times0.5\times5\ \text{V}=1\ \text{V}$$

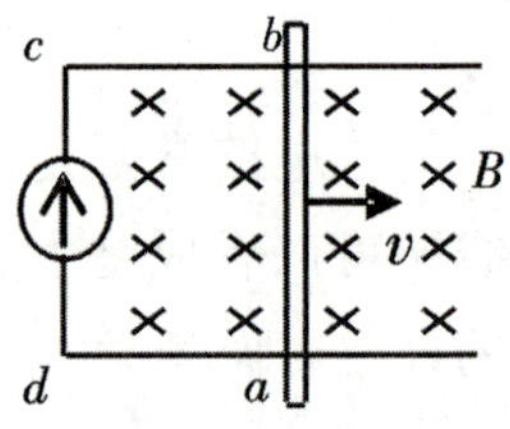

图 4-18 计算导线切割磁感线时的感应电动势

线框中的感应电流为

$$I=\frac{E}{R}=\frac{1}{0.5}\ \text{A}=2\ \text{A}$$

根据右手定则,电流的方向是 $a\to b$,即线框中电流方向是沿逆时针方向。

导体 ab 中产生的感应电动势是 1 V,线框中的感应电流是 2 A,电流方向是沿逆时针方向。

练习三

1. 磁通量的变化率反映磁通量变化的快慢,穿过闭合导体回路的磁通量的变化率越大,说明导体回路中的磁通量变化越快,回路中产生的感应电动势就越________。研究表明:闭合电路中感应电动势的大小,跟穿过这一电路的磁通量的________成正比,这就是法拉第电磁感应定律。

2. 如图 4-19 所示,桌面上放一单匝线圈,线圈中心上方一定高度处有一竖立的条形磁体。当磁体竖直向下运动时,穿过线圈的磁通量将________(选填"变大"或"变小")。

在上述过程中，穿过线圈的磁通量变化了 0.1 Wb，经历的时间为 0.5 s，则线圈中的平均感应电动势为__________ V。

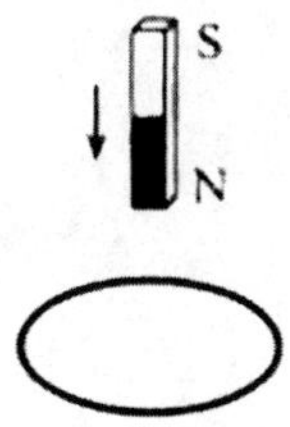

图 4-19

3. 将闭合多匝线圈置于随时间变化的磁场中，线圈平面与磁场方向垂直，关于线圈中产生的感应电动势和感应电流，下列表述正确的是(　　)。

A. 感应电动势的大小与线圈的匝数无关

B. 穿过线圈的磁通量越大，感应电动势越大

C. 穿过线圈的磁通量变化越快，感应电动势越大

D. 感应电流产生的磁场方向与原磁场方向始终相同

4. 关于感应电动势的大小，下列说法正确的是(　　)。

A. 穿过线圈的磁通量为 0，感应电动势也一定为 0

B. 穿过线圈的磁通量越大，感应电动势越大

C. 穿过线圈的磁通量的变化越大，感应电动势越大

D. 穿过线圈的磁通量变化越快，感应电动势越大

5. 关于感应电动势的大小，下列说法正确的是(　　)。

A. 跟穿过闭合电路的磁通量有关系

B. 跟穿过闭合电路的磁通量的变化大小有关系

C. 跟穿过闭合电路的磁通量的变化快慢有关系

D. 跟闭合电路的电阻大小有关系

6. 有一个 1000 匝的线圈，在 0.4 s 内通过它的磁通量从 0.02 Wb 增加到 0.09 Wb，求线圈中的感应电动势。如果线圈的电阻是 10 Ω，把一个电阻为 990 Ω 的电热器连接在它的两端，通过电热器的电流是多大？

7. 如图 4-20 所示，一水平放置的平行导体框宽度 $L=0.5$ m，接有 $R=0.2$ Ω 的电阻，磁感应强度 $B=0.5$ T 的匀强磁场垂直导轨平面方向向里。现有一导体棒 ab 跨放在框架上并和框架接触良好，框架及导体棒 ab 电阻不计。当导体棒 ab 以 $v=4.0$ m/s 的速度向右匀速滑动时，求导体棒 ab 上的感应电动势的大小及通过导体棒 ab 的感应电流的大小和方向。

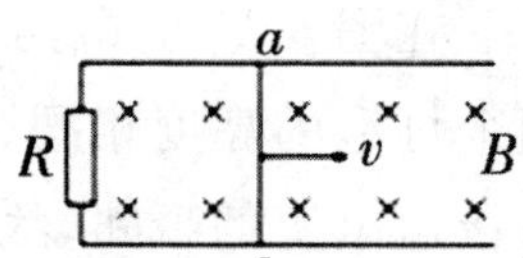

图 4-20

8. 当航天飞机在环绕地球的赤道上飞行时，从中释放一颗卫星，卫星与航天飞机保持相对静止，两者用导电缆绳相连，这种卫星叫绳系卫星，利用它可以进行多种科学实验。

现有一颗绳系卫星在赤道上空沿东西方向运行。卫星位于航天飞机正上方，它与航天飞机间的距离是 20.5 km，卫星所在位置的地磁场为 $B=4.6\times10^{-5}$ T，沿水平方向由南向北。如果航天飞机和卫星的运行速度是 7.6 km/s，求缆绳中的感应电动势。

§4.4　互感和自感

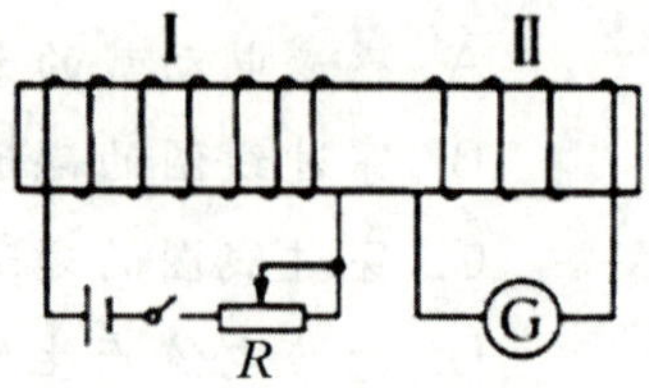

图 4-21　互感现象

互感现象　如图 4-21 所示，改变电阻 R 的值，线圈Ⅰ中的电流发生变化，线圈Ⅰ周围的磁场也发生变化，所以穿过线圈Ⅱ的磁通量也就发生变化，根据电磁感应现象的规律，那么线圈Ⅱ就会产生感应电动势。像这样，**一个线圈中的电流发生变化时，它产生的变化磁场会在邻近的另一线圈中产生感应电动势的现象称为互感现象**这种感应电动势叫作**互感电动势。**

利用互感现象可以把能量由一个线圈传递到另一个线圈，因此互感现象在电工技术和电子技术中有广泛应用。变压器就是利用互感现象改变电压的电气设备(关于变压器，下一章还有比较深入的讨论)。

互感现象是一种常见的电磁感应现象，它不仅仅发生于绕在同一铁芯上的两个线圈之间，而且可以发生在任何两个相互靠近的电路之间。在电力工程和电子电路中，互感现象有时会影响电路的正常工作，这时要设法减小电路间的互感。

自感现象　当一个线圈中电流变化时，它产生的变化的磁场不仅在临近的电路中激发出感应电动势，同样也会在本身激发出感应电动势。像这样，**一个线圈中电流变化时，它产生的变化磁场会在这个线圈本身中产生感应电动势的现象称为自感现象**这种感应电动势叫作**自感电动势。**

在图 4-22 的电路中，A_1 和 A_2 是两个同样规格的灯泡。先闭合开关，调解电阻 R，使两个灯泡的亮度相同，再调节可变电阻 R_1，使它们都正常发光，然后断开开关。当我们重新接通电源的瞬间，线圈 L 中的电流增加，在它自身中产生一个感应电动势(自感电动势)。根据楞次定律，这个感应电动势会阻碍线圈 L 中电流的增加，即感应电动势会使线圈 L 中的电流增加得更慢一点，所以会看到灯泡A_2 立即变亮，而灯泡 A_1 较慢地亮起来。

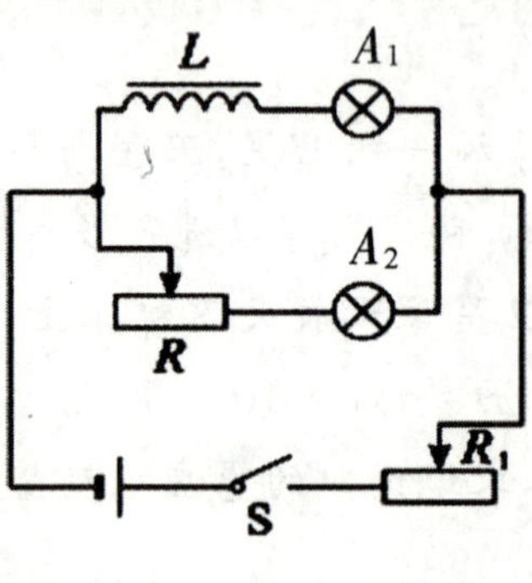

图 4-22　两个灯泡能同时亮起来吗

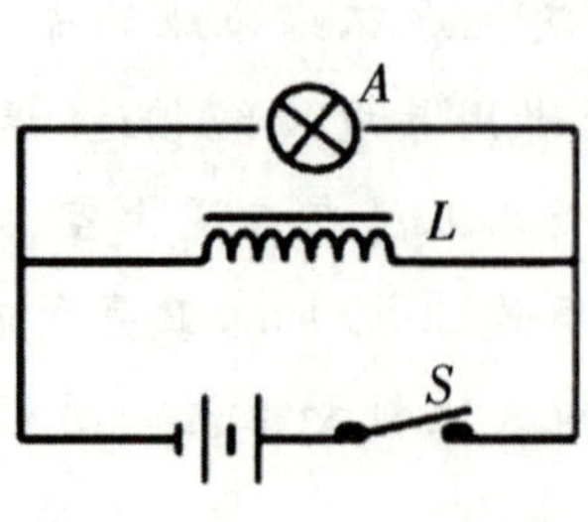

图 4-23　开关断开时灯泡会立即熄灭吗

在图 4-23 所示的电路中，先闭合开关使灯泡发光，然后断开开关。在断开开关的瞬间，通过线圈 L 中的电流减小，这时在线圈 L 中会出现感应电动势。根据楞次定律，这个感应电动势会阻碍线圈 L 中电流的减小，即感应电动势会使线圈 L 中的电流减小得更慢一点，所以会看到灯泡 A 较慢地熄灭。

变压器、电动机等设备中有匝数很多的线圈，当电路中的开关断开时会产生很大的自感应电动势，使得开关中的金属片之间产生电火花，烧蚀接触点，甚至引起人身伤害。因此，电动机等大功率用电器的开关应该装在金属壳内，最好使用油浸开关，即把开关的接触点浸在绝缘油中，避免出现火花。

自感系数　自感电动势和其他感应电动势一样，是跟穿过线圈的磁通量的变化率成正比的，即

$$E \propto \frac{\Delta \Phi}{\Delta t}$$

在自感现象中，穿过线圈磁通量的变化是由线圈中的电流的变化引起的。实验表明，电流变化越快，产生的自感电动势越大。进一步的实验表明，自感电动势与电流的变化率成正比，即

$$E \propto \frac{\Delta I}{\Delta t}$$

写成等式，就是

$$E = L\frac{\Delta I}{\Delta t}$$

式子中的 L 是比例系数，它与线圈的大小、形状、圈数，以及是否有铁芯等因素有关，叫作**自感系数**，简称**自感**或**电感**。

在国际单位制中，电感的单位是**亨利**，简称**亨**，符号是 H。常用单位还有毫亨(mH)、微亨(μH)，它们与亨利的关系是

$$1\ \text{mH} = 10^{-3}\ \text{H}$$
$$1\ \mu\text{H} = 10^{-6}\ \text{H}$$

练习四

1. 一个线圈中的电流发生变化时，它产生的变化磁场会在邻近的另一线圈中产生感应电动势的现象称为__________现象；一个线圈中电流变化时，它产生的变化磁场会在这个线圈本身产生感应电动势的现象称为__________现象。

2. 自感电动势总是阻碍流过导体电流的变化，当电流增大时，自感电动势的方向与原来电流的方向__________；当电流减小时，自感电动势的方向与原来电流的方向__________。

3. 自感系数的国际单位是__________，符号是__________。

4. 自感电动势的大小(　　)。

   A. 跟通过线圈的电流大小成正比

   B. 跟线圈中的磁通量变化的大小成正比

   C. 跟线圈中的电流变化大小成正比

D. 跟线圈中的电流变化快慢成正比

5. 如图 4-24 所示的电路中(　　)。

A. 当开关 S 闭合时,灯 A_1 立即发光,A_2 逐渐亮起来

B. 当开关 S 闭合时,灯 A_2 立即发光,A_1 逐渐亮起来

C. 当开关 S 断开时,灯 A_1 立即熄灭,A_2 逐渐熄灭

D. 当开关 S 断开时,灯 A_2 立即熄灭,A_1 逐渐熄灭

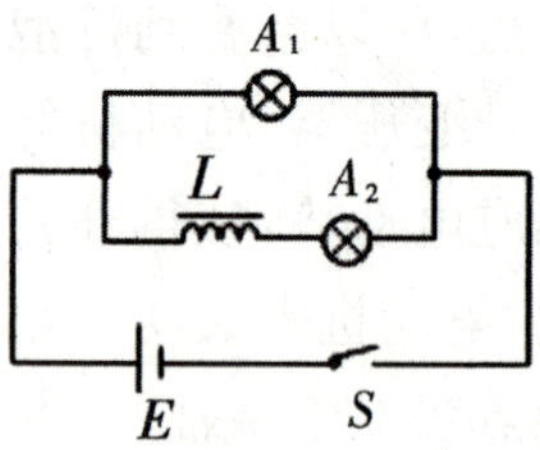

图 4-24

6. 关于线圈的自感系数的大小,下列说法中正确的是(　　)。

A. 线圈越长,而其他条件相同时,自感系数越小

B. 线圈匝数越多,而其他条件相同时,自感系数越大

C. 同一线圈,插有铁芯时线圈的自感系数会变小

D. 线圈的自感系数与线圈的长度、匝数以及是否有铁芯等都无关

§4.5 涡　　流

涡流现象　当线圈中的电流随时间变化时,由于电磁感应,在附近的另一线圈中会产生感应电流,这是我们上一节学过的互感现象。实际上,在这个线圈附近的任何导体中都会有感应电流。如图 4-25 所示,把一柱状铁芯放在通有交变电流的线圈中,由于线圈中的电流随时间变化,根据电磁感应原理,会在铁芯中产生感应电流,感应电流在金属导体中形成闭合回路(图中虚线所示),看起来很像水的旋涡,所以把这种感应电流称为**涡电流**,简称**涡流**。

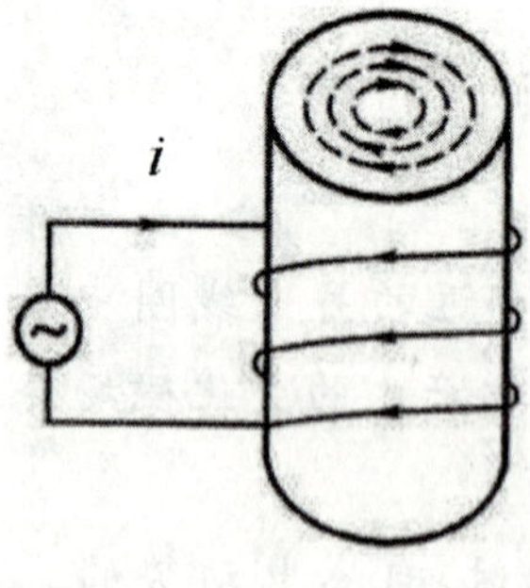

图 4-25　线圈中的电流变化时,在导体中会产生涡流

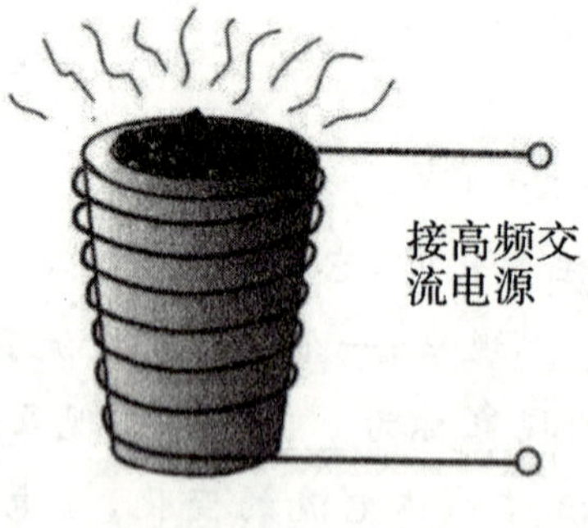

图 4-26　真空冶炼

图 4-27　用硅钢片做变压器的铁芯

涡流的应用　涡流和其他电流一样,通过电阻时也要产生热。金属的电阻率很小,所以涡流很强,产生的热量很多。

用来冶炼合金钢的真空冶炼炉(如图 4-26 所示),炉外有线圈,线圈中通入高频交流电,炉中的金属中就会产生涡流,涡流产生的热量使金属熔化。利用涡流冶炼金属的优点是整个过程能在真空中进行,这样能防止空气中的杂质进入金属,可以冶炼高质量的合金。

电动机、变压器的线圈都绕在铁芯上。线圈中流过变化的电流，在铁芯中产生的涡流使铁芯发热，浪费能量，还可能损坏电器。因此，要想办法减小涡流，途径之一就是要增大铁芯材料的电阻率，常用的铁芯材料是硅钢，它的电阻率比较大；另一个途径就是用互相绝缘的硅钢片叠成的铁芯来代替整块硅钢铁芯（图4-27是用硅钢片做的变压器铁芯）。

电磁炉又被称为电磁灶，其原理是磁场感应涡流加热，即利用交变电流通过线圈产生交变磁场，从而使金属锅自身产生无数小涡流而直接加热锅内的食物。

探侧地雷的探雷器是利用涡流原理工作的。士兵手持一个长柄线圈在地面扫过，线圈中有变化着的电流。如果地下埋有金属物品，金属中就会出现涡流，涡流的磁场反过来会影响线圈中的电流，使仪器报警，这种探雷器可以用来探测有金属壳的地雷或有较大金属零件的地雷。

机场、车站和重要活动场所的安监部门可以探测人身携带的金属物品，也是这个道理。

练习五

1. 用来冶炼合金钢的真空冶炼炉，炉外绕有线圈，线圈中通有高频电流，产生的变化磁场使炉内的金属中产生__________，从而使金属的温度升高来冶炼高质量的合金.

2. 下列电器工作原理涉及到涡流现象应用的是（　　）。

   A. 电吹风　　B 电磁灶　　C. 电冰箱　　D. 电视机

3. 下列情况中不是利用涡流工作的是（　　）。

   A. 闭合线圈在匀强磁场中转动，切割磁感线产生的电流

   B. 用来冶炼合金的高频感应炉

   C. 用探雷器来探测金属壳的地雷或有较大金属零件的地雷

   D. 在机场、车站和重要活动场所的安检门探测人身携带的金属物品

本章知识小结

1. 电磁感应现象　利用磁场能够产生电流的现象叫作**电磁感应现象**，产生的电流叫作**感应电流**。

2. 产生感应电流的条件　只要穿过闭合导体回路的磁通量发生变化，闭合导体回路就有感应电流。这就是产生感应电流的条件。

3. 楞次定律　感应电流具有这样的方向，即感应电流的磁场总是要阻碍引起感应电流的磁通量的变化。这就是**楞次定律**。

楞次定律还可概括为“**增反减同**”四个字。所谓“**增反**”，就是当穿过闭合回路的磁通量增加时，感应电流的磁场方向就和原磁场方向相反；所谓“**减同**”，就是当穿过闭合回路的磁通量减少时，感应电流的磁场方向就和原磁场方向相同。

4. 右手定则　伸开右手，使拇指与其余四指垂直，并都与手掌在同一平面内；让磁感

线从掌心进入,并使拇指指向导线运动的方向,这时四指所指的方向就是感应电流的方向。这就是判定导线切割磁感线时感应电流方向的**右手定则**。

右手定则只适用于判断闭合电路的一部分做切割磁感线运动时产生的感应电流的方向。

5. 法拉第电磁感应定律 闭合电路中感应电动势的大小,跟穿过这一电路的磁通量的变化率成正比。这就是**法拉第电磁感应定律**。

$$E=n\frac{\Delta\Phi}{\Delta t}$$

式子中的 n 是线圈的匝数,$\Delta\Phi$ 只取正不取负,感应电动势的方向还需要用楞次定律来判断。

切割磁感线的导线、磁通量变化的线圈,在电路中所起到的作用就相当于电源。

感应电动势的产生跟电路是否闭合无关。而感应电流只有在电路中有感应电动势且电路闭合时才能产生。感应电流的大小是由感应电动势和电路中的电阻决定的。

6. 导线切割磁感线时的感应电动势 当导线垂直于磁场方向切割磁感线运动时,产生的感应电动势大小为 $E=Blv$。

当导线切割磁感线的速度方向和磁场方向夹角为 θ 时,公式变成 $E=Blv\sin\theta$。

当导线切割磁感线的速度方向和磁场方向夹角为 0°或 180°时,感应电动势最小,其值为 0;当导线切割磁感线的速度方向和磁场方向夹角为 90°时,感应电动势最大,其值为 Blv。

7. 互感现象 一个线圈中的电流发生变化时,它产生的变化磁场会在邻近的另一线圈中产生感应电动势的现象称为**互感现象**,这种感应电动势叫作**互感电动势**。

利用互感现象可以把能量由一个线圈传递到另一个线圈。变压器就是利用互感现象改变电压的电气设备。

8. 自感现象 一个线圈中电流变化时,它产生的变化磁场会在这个线圈本身产生感应电动势的现象称为**自感现象**,这种感应电动势叫作**自感电动势**。

自感电动势跟电路中电流的变化率成正比,公式是

$$E=L\frac{\Delta I}{\Delta t}$$

式子中的 L 叫**自感系数**,简称**自感**或**电感**,它与线圈的大小、形状、圈数,以及是否有铁芯等因素有关,与电流是否变化以及电流变化的快慢无关。

在国际单位制中,电感的单位是**亨利**,简称**亨**,符号是 H。常用单位还有毫亨(mH)、微亨(μH),它们与亨利的关系是

$$1\ \text{mH}=10^{-3}\ \text{H}$$

$$1\ \mu\text{H}=10^{-6}\ \text{H}$$

9. 涡流 由于磁通量的变化,会在块状金属导体中激发出像水的旋涡一样的感应电流称为**涡电流**,简称**涡流**。涡流在工业生产和日常生活中有广泛的应用。

阅读园地

天才的电学大师——迈克尔·法拉第

迈克尔·法拉第(Michael Faraday,公元1791～公元1867年)是19世纪最伟大的物理学家和化学家,也是著名的自学成才的科学家。恩格斯称赞他为“到现在为止最伟大的电学家”。

迈克尔·法拉第

1791年9月22日法拉第出生在英国萨里郡纽因顿一个贫苦铁匠家庭。他的父亲是个铁匠,体弱多病,收入微薄,仅能勉强维持生活的温饱,但是他的父亲非常注重对孩子们的教育,要他们勤劳朴实,不要贪图金钱地位,要做一个正直的人。这对法拉第的思想和性格产生了很大的影响。

由于贫困,法拉第家里无法供他上学,因而法拉第幼年时没有受过正规教育,只读了两年小学。1803年,为生计所迫,他上街头当了报童。第二年又到一个书商兼订书匠的家里当学徒。订书店里书籍堆积如山,法拉第带着强烈的求知欲望,如饥似渴地阅读各类书籍,汲取了许多自然科学方面的知识,尤其是《大英百科全书》中关于电学的文章,强烈地吸引着他。他努力地将书本知识付诸实践,利用废旧物品制作静电起电机,进行简单的化学和物理实验。他还与青年朋友们建立了一个学习小组,常常在一起讨论问题,交换思想,重视实践尤其是科学实验的特点,在法拉第一生的科学活动中贯彻始终。

法拉第不放过任何一个学习的机会,在哥哥的资助下,他有幸参加了学者塔特姆领导的青年科学组织——伦敦城哲学会。通过一些活动,他初步掌握了物理、化学、天文、地质、气象等方面的基础知识,为以后的研究工作打下了良好基础。法拉第的好学精神感动了一位书店的老主顾,在他的帮助下,法拉第有幸聆听了著名化学家戴维的演讲。他把演讲内容全部记录下来并整理清楚,回去和朋友们认真讨论研究,他还把整理好的演讲记录送给戴维,并且附信,表明自己愿意献身科学事业,结果他如愿以偿,22岁作了戴维的实验助手,从此,法拉第开始了他的科学生涯。戴维虽然在科学上有许多了不起的贡献,但他说“我对科学最大的贡献是发现了法拉第”。

法拉第勤奋好学,工作努力,很受戴维器重。1813年10月,他随戴维到欧洲大陆国家考察,他的公开身份是仆人,但他不计较地位,也毫不自卑,而把这次考察当作学习的好机会。他见到了许多著名的科学家,参加了各种学术交流活动,还学会了法语和意大利语,大大开阔了眼界,增长了见识。

1815年5月法拉第回到皇家研究所,并且在戴维指导下做独立的研究工作并取得了几项化学研究成果。1816年法拉第发表了第一篇科学论文。从1818年起他和斯托达特合作研究合金钢,首创了金相分析方法。1820年他用取代反应制得六氯乙烷和四氯乙烯。1821年任皇家学院实验室总监。1823见他发现了氯气和其他气体的液化方法。1824年1月他当选为皇家学会会员。1825年2月接替戴维任皇家研究所实验室主任,同年发现苯。

1821年法拉第完成了第一项重大的电发明。在这之前,奥斯特已发现如果电路中有电流通过,它附近的普通罗盘的磁针就会发生偏移。法拉第从中得到启发,认为假如磁铁固定,线圈就可能会运动。根据这种设想,他成功地发明了一种简单的装置。在装置内,只要有电流通过线路,线路就会绕着一块磁铁不停地转动。事实上法拉第发明的是第一台电动机,是第一台使用电流让物体运动的装置,虽然装置简陋,但它却是今天世界上使用的所有电动机的祖先。

1820 年,奥斯特发现电流的磁效应,受到科学界的关注,1821 年,英国《哲学年鉴》的主编约请戴维撰写一篇文章,评述自奥斯特的发现以来电磁学实验的理论发展概况。戴维把这一工作交给了法拉第。法拉第在收集资料的过程中,对电磁现象产生了极大的热情,并开始转向电磁学的研究。他仔细地分析了电流的磁效应等现象,认为既然电能够产生磁,反过来,磁也应该能产生电。于是,他企图从静止的磁力对导线或线圈的作用中产生电流,但是努力失败了。经过近 10 年的不断实验,到 1831 年法拉第终于发现,一个通电线圈的磁力虽然不能在另一个线圈中引起电流,但是当通电线圈的电流刚接通或中断的时候,另一个线圈中的电流计指针有微小偏转。法拉第心明眼亮,经过反复实验,都证实了当磁作用力发生变化时,另一个线圈中就有电流产生。他又设计了各种各样实验,比如两个线圈发生相对运动,磁作用力的变化同样也能产生电流。这样,法拉第终于用实验揭开了电磁感应定律。法拉第的这个发现扫清了探索电磁本质道路上的拦路虎,开通了在电池之外大量产生电流的新道路。根据这个实验,1831 年 10 月 28 日法拉第发明了圆盘发电机,这是法拉第第二项重大的电发明。这个圆盘发电机,结构虽然简单,但它却是人类创造出的第一个发电机。现代世界上产生电力的发电机就是从它开始的。

为了证实用各种不同办法产生的电在本质上都是一样的,法拉第仔细研究了电解液中的化学现象,1834 年总结出法拉第电解定律:电解释放出来的物质总量和通过的电流总量成正比,和那种物质的化学能量成正比。这条定律成为联系物理学和化学的桥梁,也是通向发现电子道路的桥梁。

法拉第作为一名天才的电学大师,在电磁学的新领域中树立起了前进的路标。1837 年他引入了电场和磁场的概念,指出电和磁的周围都有场的存在,这打破了牛顿力学“超距作用”的传统观念。1838 年,他提出了电力线的新概念来解释电、磁现象,这是物理学理论上的一次重大突破。1843 年,法拉第用有名的“冰桶实验”,证明了电荷守恒定律。

法拉第在电磁学的新领域中耕耘播种。他为了探讨电磁和光的关系,在光学玻璃方面费尽了心血。1845 年,也是在经历了无数次失败之后,他终于发现了“磁光效应”。他用实验证实了光和磁的相互作用,为电、磁和光的统一理论奠定了基础。

1848 年,受到艾伯特王夫引见,法拉第受赐在萨里汉普顿宫的恩典之屋,并免缴所有开销与维修费。这曾是石匠师傅之屋,后成为法拉第之屋,现位于汉普顿宫道 37 号(No. 37 Hampton Court Road)。

1852 年,他又引进了磁力线的概念,从而为经典电磁学理论的建立奠定了基础。后来,英国物理学家麦克斯韦用数学工具研究法拉第的磁力线理论,最后完成了经典电磁学理论。

1858 年,法拉第退休并在萨里汉普顿宫的恩典之屋定居。

法拉第淡薄名誉,一生谦逊俭朴。人们为了纪念他,电容的单位被命名为法拉(F)。

复　习　题

一、选择题

1. 在如图 4-28 所示的实验中,能在线圈中产生感应电流的是(　　)。

   A. 磁铁插入或抽出线圈的过程

   B. 磁铁 S 极停在线圈中

   C. 磁铁静止在线圈右侧

   D. 磁铁 N 极停在线圈中

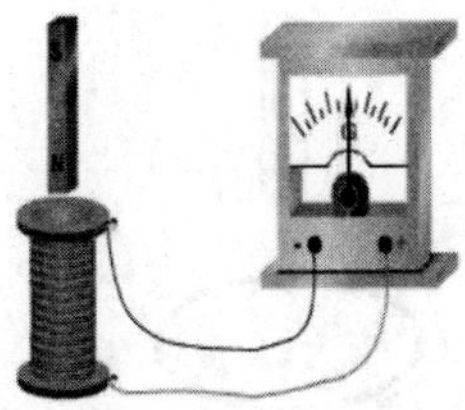

图 4-28

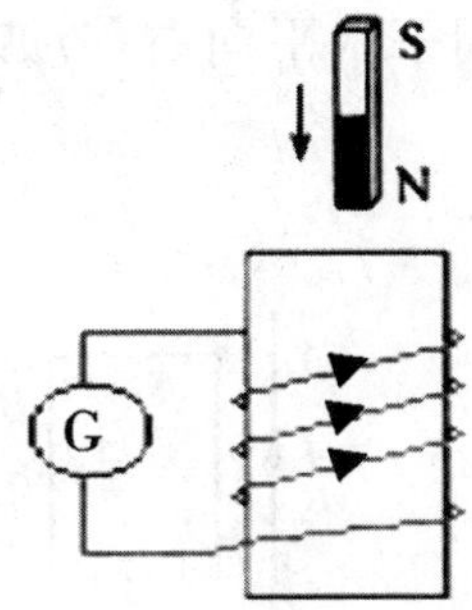

图 4-29

2. 如图 4-29 所示，闭合线圈上方有一竖直放置的条形磁铁，磁铁的 N 极朝下。当磁铁向下运动时(但未插入线圈内部)(　　)。

A. 线圈中感应电流的方向与图中箭头方向相同，磁铁与线圈相互吸引

B. 线圈中感应电流的方向与图中箭头方向相同，磁铁与线圈相互排斥

C. 线圈中感应电流的方向与图中箭头方向相反，磁铁与线圈相互吸引

D. 线圈中感应电流的方向与图中箭头方向相反，磁铁与线圈相互排斥

3. 关于感应电动势的大小，下列说法正确的是(　　)。

A. 穿过线圈的磁通量为 0，感应电动势也一定为 0

B. 穿过线圈的磁通量越大，感应电动势越大

C. 穿过线圈的磁通量的变化越大，感应电动势越大

D. 穿过线圈的磁通量变化越快，感应电动势越大

4. 自感电动势的大小(　　)。

A. 跟通过线圈的电流大小有关系

B. 跟线圈中的磁通量变化的大小有关系

C. 跟线圈中的电流变化大小有关系

D. 跟线圈中的电流变化快慢有关系

5. 如图 4-30 所示，当导线棒 ab 在外力作用下沿导轨 da、cb 向右运动时，流过 R 的电流方向是(　　)。

A. 由 $a\to b$　　B. 由 $b\to a$

C. 无感应电流　　D. 无法确定

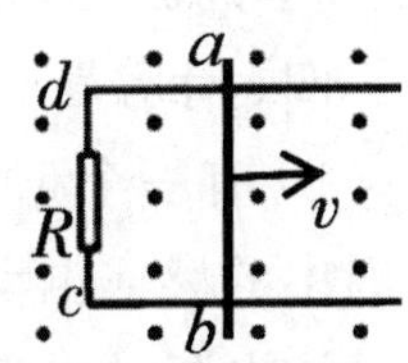

图 4-30

二、填空题

1. 如图 4-31 所示，磁场垂直纸面向里，导体 AB 向左运动的过程中，穿过闭合电路 $ABEF$ 的磁通量__________(选填“变大”、“不变”或“变小”)，闭合电路中__________(选填“有”或“没有”)感应电流产生。如果有感应电流，感应电流的方向是____________。

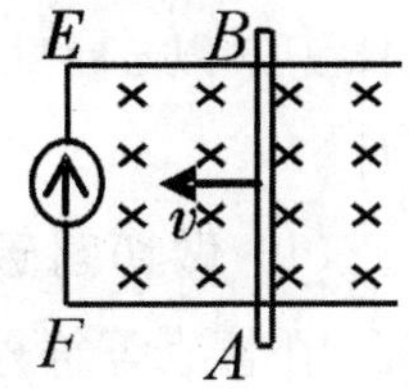

图 4-31

2. 用右手定则判定导线切割磁感线时产生的感应电流的方向时，让磁感线从掌心进入，并使拇指指导线运动的方向，这时四指所指的方向就是________________。

3. 通电直导线 A 与矩形线框 B 在同一水平面上，A 中电流方向如图 4-32 所示。当

线框 B 在外力的作用下水平向右移动时，线框 B 中产生的感应电流方向是沿__________时针方向。

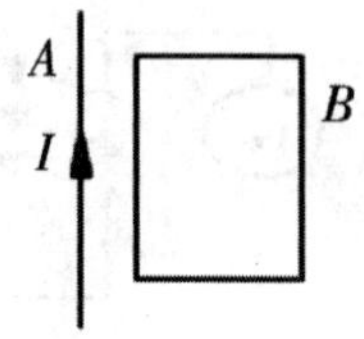

图 4-32

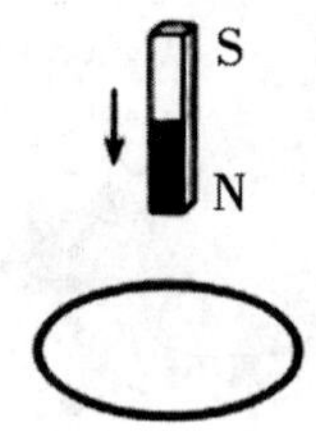

图 4-33

4. 如图 4-33 所示，桌面上放一单匝线圈，线圈中心上方一定高度处有一竖立的条形磁体。当磁体竖直向下运动时，穿过线圈的磁通量将__________（选填“变大”或“变小”）。在上述过程中，穿过线圈的磁通量变化了 0.8 Wb，经历的时间为 0.4 s，则线圈中的平均感应电动势为__________ V。

5. 自感电动势总是阻碍流过导体电流的变化，当电流增大时，自感电动势的方向与原来电流的方向__________；当电流减小时，自感电动势的方向与原来电流的方向__________。

6. 自感系数的国际单位是__________，符号是__________。

三、判断题

1. 只要穿过闭合导体回路的磁通量发生变化，闭合导体回路就有感应电流。（　　）

2. 当穿过闭合导体回路的磁通量为 0 时，闭合导体回路中一定无感应电流。（　　）

3. 感应电流的磁场总是要阻碍引起感应电流的磁通量的变化。（　　）

4. 闭合电路中感应电动势的大小，跟穿过这一电路的磁通量成正比。（　　）

5. 切割磁感线的导线、磁通量变化的线圈，在电路中所起到的作用就相当于电源。（　　）

6. 自感电动势的大小与线圈中电流变化的快慢有关。（　　）

四、计算题

1. 有一个 500 匝的线圈，在 0.5 s 内通过它的磁通量从 0.03 Wb 增加到 0.08 Wb，求线圈中的感应电动势。如果线圈的电阻是 1 Ω，把一个阻值为 99 Ω 电阻连接在它的两端，通过该电阻的电流是多大？

2. 设图 4-34 中磁感应强度 $B=0.1$ T，平行导轨宽 $l=1$ m，金属棒 PQ 以 $v=1$ m/s 的速度贴着导轨向右运动，$R=1$ Ω，其他电阻不计。

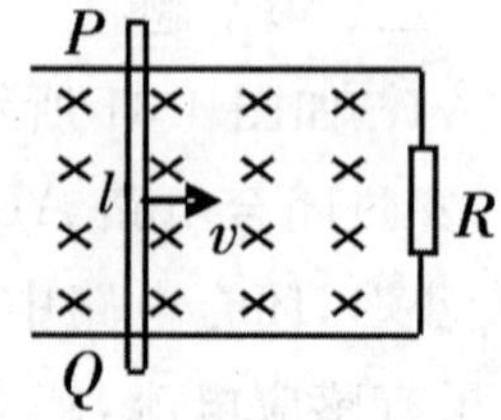

图 4-34

(1) 做切割磁感线运动的导线会产生感应电动势，相当于电源。用电池等符号画出这个装置的等效电路图。

(2) 通过 R 的电流方向如何？大小等于多少？

第5章　交变电流

公路旁、矿业上，坚实的钢架托着、吊着粗大的金属线，仿佛由天际而来，向天际而去。这些由发电厂、变电站而来的输电线，将电能输送到乡村、工厂，输送到千家万户。电每时每刻都在为人类做着巨大的贡献。然而，在1831年以前，人类只能从电池获得电能。由于电池不能提供强电流，且比较昂贵，不可能为社会广泛利用。法拉第发现电磁感应现象后，人类在此基础上发明了能获得大量廉价电能的发电机，从而使电能得到了广泛应用。

现代生产和生活所用的电器中的电流，大都是交变电流。在这一章，我们就来学习交变电流的相关内容，即交变电流的产生、交变电流的描述、电感和电容对交变电流的影响、变压器、电能的输送等。

§5.1　交变电流

交变电流　我们已经学过了恒定电流，在恒定电流的电路中，电源的电动势不随时间的变化而变化，因此电路中的电流、电压也不随时间的变化而变化。但是在供给工农业生产和日常生活用电的电力系统中，发电机产生的电动势是随时间做周期性变化的，因此用电器中的电流、电压也随时间做周期性变化，我们把这样的大小和方向随时间做周期性变化的电流叫作交变电流，简称交流电。方向不随时间变化的电流称为直流电。

交变电流的产生　交变电流是从交流发电机发出的。交流发电机的最基本组成部分是线圈(电枢)和磁极(形成磁场)。图5-1就是一个最简单的交流发电机模型。下面我们观察图5-1所示的装置中，线圈在磁场中转动时能不能产生电流？产生的电流是不是交变电流？

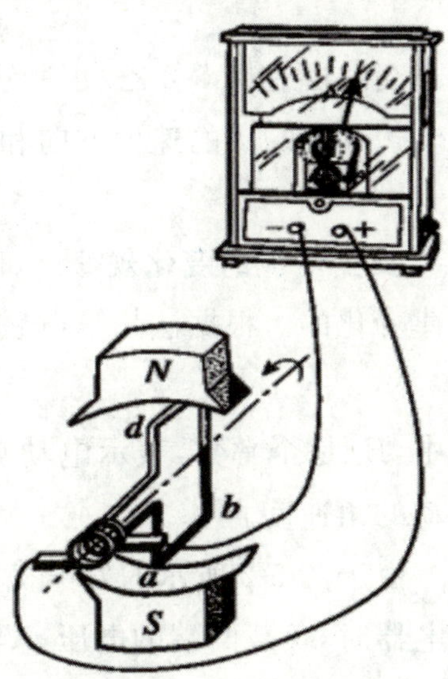

图5-1　交流发电机模型

把图5-1所示的交流发电机模型中的线圈两端经滑环用导线跟电流表连接好。转动线圈，发现电流表的指针往返摆动，这表明电路中产生了感应电流，并且感应电流的大小和方向都是变化的。根据电磁感应定律可知，这是转动的线圈中产生了感应电动势的结果。

使线圈在匀强磁场中匀速转动，我们会发现每转动一周，电流表的指针就完成一次完整的往复摆动，再转动一周，电流表指针重复刚才往复摆动一次。这表明感应电流的大小和方向都是随时间做周期性变化的，这就是交变电流。那么，线圈中为什么会产生交变电流呢？

图 5-2 是交变电流产生过程。为了清楚观察演示过程，图中只画出了一匝线圈。假设矩形线圈 $abcd$ 最初的位置如图 5-2 甲所示。当它沿逆时针方向转动，即线圈的 ab 边向右、cd 边向左运动，经图乙到达图丙所示位置时，恰好转过半周，在这个过程中，用右手定则可以判定感应电流是沿着 $abcd$ 方向流动的；之后，当 ab 边向左、cd 边向右运动，经图丁到达图戊所示位置时，线圈又转过半周，在这个过程中，用右手定则可以判定感应电流是沿着 $dcba$ 方向流动的。在线圈继续旋转过程中，这两种情况交替出现，因此在线圈中出现了交变电流。

从图 5-2 可以看出，在匀强磁场中沿逆时针方向转动的线圈在图 5-2 丙、戊所示的位置时，线圈平面垂直于磁感线，磁通量最大，但线圈各边都不切割磁感线，感应电动势为零，因此这时线圈中没有感应电流，这种位置叫作中性面。从图 5-2 可以看出，线圈每经过一次中性面，感应电流的方向就改变一次；线圈每转动一周，要两次经过中性面，因此，感应电流的方向改变两次。

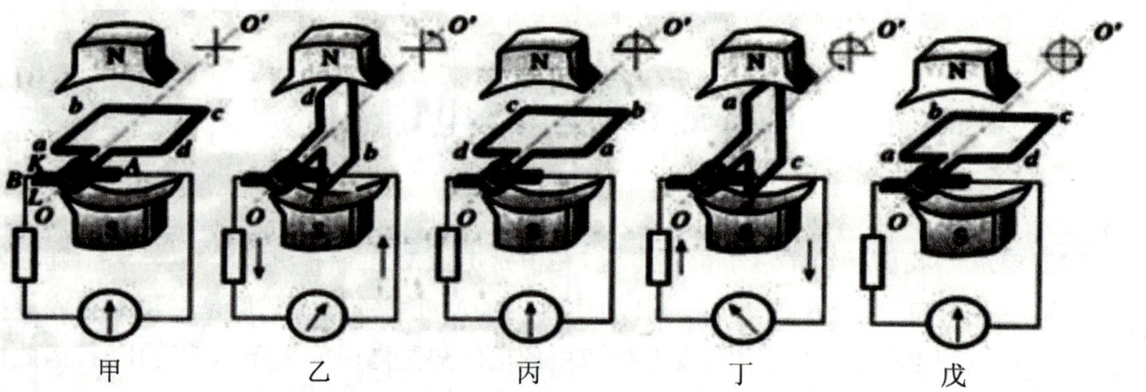

图 5-2　交变电流产生过程示意图

当线圈在图 5-2 乙、丁所示的位置时，线圈平面和磁感线平行，磁通量为零，但线圈的两个边 ab 和 cd 的速度方向和磁场方向垂直，切割磁感线效果最好，所以此时感应电动势最大。

交变电流的变化规律　如图 5-2 所示的发电机所产生的交变电流是按照正弦函数的规律变化的。根据法拉第电磁感应定律可以导出，它的电动势 e 随时间变化规律为

$$e=E_m\sin\omega t$$

式中，E_m 是个常数，表示电动势可能达到的最大值，叫作电动势的**峰值**，ω 是发电机线圈转动的角速度。

由于图 5-2 所示的发电机的电动势是按正弦规律变化，所以当负载为电灯等纯电阻用电器时，负载两端的电压 u、流过的电流 i，也按正弦规律变化，即

$$u=U_m\sin\omega t$$

$$i=I_m\sin\omega t$$

式中 U_m 和 I_m 分别为电压和电流的**峰值**。e、u、i 则是这几个量的**瞬时值**。

我们把这种按正弦规律变化的交变电流叫作**正弦式交变电流**，简称**正弦式电流**。正弦式电流是最简单又最基本的交变电流。电力系统中应用的大多是正弦式电流。

练习一

1. ________和________随时间做周期性变化的电流叫作交变电流，简称交流。________不随时间变化的电流称为直流。

2. 闭合线圈在匀强磁场中绕垂直于磁场方向的轴匀速转动一周，感应电流的方向改变______次。

3. 正弦式交变电流在某一时刻电压可表示为：$u=$____________。

4. 正弦式交变电流在某一时刻电流可表示为：$i=$____________。

5. 矩形线圈在匀强磁场中绕垂直于磁场方向的轴匀速转动，下列说法中不正确的是（　　）。

   A. 在中性面时，穿过线圈的磁通量最大

   B. 在中性面时，感应电动势为零

   C. 在中性面时，穿过线圈的磁通量为零，感应电动势最大

   D. 线圈每通过中性面一次，感应电流方向改变一次

6. 图 5-3 中属于交变电流的是（　　）。

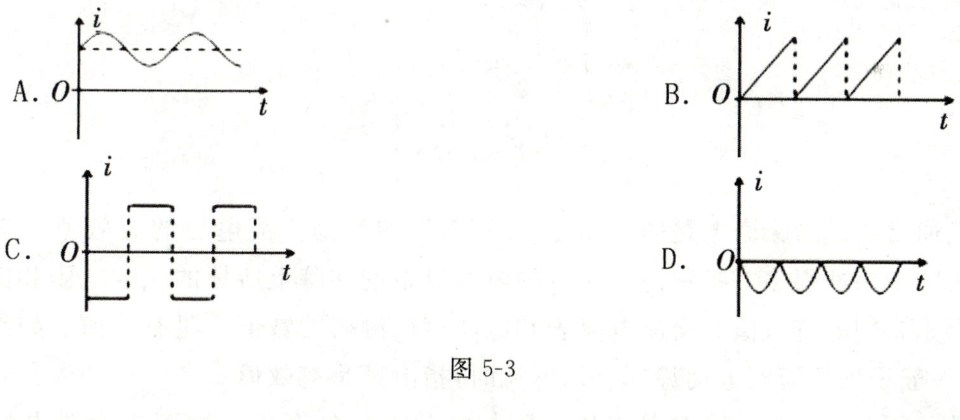

图 5-3

§5.2　描述交变电流的物理量

从上节我们可以看到，交变电流的大小和方向都随时间变化，谈到它的电流或电压时要区分它的峰值和瞬时值。此外，还有几个物理量，在描述交变电流时也常用到。

周期和频率　交变电流的电动势、电压和电流都是随时间作周期性变化。交变电流每完成一个周期性变化所用的时间叫作**周期**，用 T 表示，单位是秒。

交变电流在 1 s 内完成周期性变化的次数叫作它的**频率**，用 f 表示，单位是**赫兹**，简称**赫**，符号是 Hz。周期和频率的关系是

$$T=\frac{1}{f} \quad 或 \quad f=\frac{1}{T}$$

我国使用的正弦式交变电流的频率为 50 Hz，即周期是 0.02 s。

根据三角函数的知识可以知道，在 $i=I_m\sin\omega t$ 的表达式中，ω 等于频率的 2π 倍，即 $\omega=2\pi f$。

峰值和有效值 交变电流的峰值 I_m 或 U_m 是它能达到的最大数值，可以用来表示电流的强弱或电压的高低。例如，把电容器接在交变电路中，就需要知道电压的峰值。电容器所能承受的电压要高于交流电压的峰值，否则电容器就可能被击穿。

交流的电动势、电压、电流值是随时间变化的，那么通常所说的“交流电压 220 V”或“电流 2 A”，是什么意思呢？原来，这里指的是交流的**有效值**。

交流的有效值是根据电流的热效应规定的。如果使交流和直流分别通过相同阻值的电阻，并且在相同时间里产生的热量相等，这个直流的电压、电流值，就叫作这个交流的电压、电流的有效值。例如，在同一时间内，某交流通过一个电热器所放出的热量，跟 3 A 的直流通过这个电热器在相同时间内放出的热量相等，这个交流的有效值就是 3 A。交流电压的有效值可以用同样的方法确定。

交流的有效值比它的峰值小，其间有一定的关系。理论计算表明，正弦式交变电流的有效值 E、I、U 与峰值 E_m、I_m、U_m之间有如下关系

$$E=\frac{E_m}{\sqrt{2}}\approx 0.707E_m$$

$$I=\frac{I_m}{\sqrt{2}}\approx 0.707I_m$$

$$U=\frac{U_m}{\sqrt{2}}\approx 0.707U_m$$

人们通常所说的家庭电路的电压是 220 V，指的就是交流电压的有效值。交流的有效值在实际中用处很多。各种使用交流的电器设备的铭牌上所标的额定电压和额定电流的数值都是它们的有效值。交流电流表和电压表所测得的数值也是有效值。如果没有特别声明，一般说到交流的电动势、电压、电流时，指的都是有效值。

相位 图 5-4 画出了两支交流的电压与时间关系的图像。这两支交流电的周期相等，但它们的瞬时值并不同时达到最大。交流电压甲达到峰值、变为 0 的时间，总比交流电压乙晚一些。这种情况下，我们说，它们的“相位”不同。

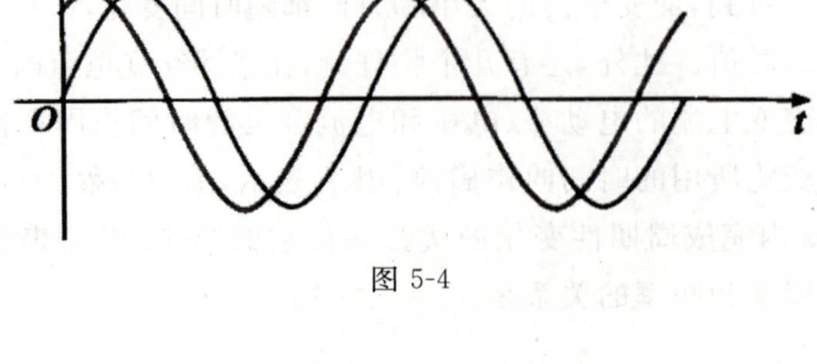

图 5-4

用代数式表示，这两支交流的瞬时电压与时间的关系分别为

$$u_{甲}=U_m\sin\omega t$$
$$u_{乙}=U_m\sin(\omega t+\varphi)$$

正弦符号"sin"后面的量"$\omega t+\varphi$"叫作交变电流的相位，φ 是 $t=0$ 时的相位，叫作交变电流的**初相位**。两支交流的相位之差叫作它们的相位差。如果它们的频率相同，但初相位不同，即

$$u_1=U_m\sin(\omega t+\varphi_1)$$
$$u_2=U_m\sin(\omega t+\varphi_2)$$

那么相位差$(\omega t+\varphi_2)-(\omega t+\varphi_1)=\varphi_2-\varphi_1$是个常数，不随时间变化，这时我们说，这两支交流"具有确定的相位差"。

相位差是个很重要的物理量。例如，不同的交流发电机在向同一个电网供电的时候，它们的相位必须完全相同，即相位差必须保持为 0，不然的话，轻则会使输电效率降低，严重时会损坏输电设备。

【例题 1】图 5-5 是一个正弦式电压的波形图。根据图象求出它的周期、频率、电压的峰值和有效值。

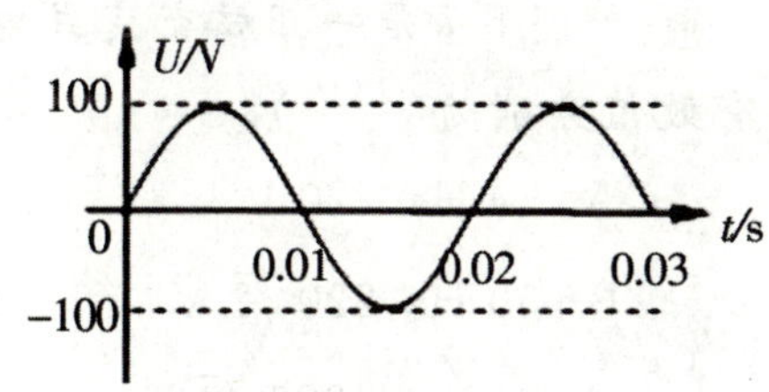

图 5-5

解：正弦函数是周期函数，从图中可以看出该交流电的周期 $T=0.02$ s。交变电压的峰值 $U_m=100$ V。所以它的频率为

$$f=\frac{1}{T}=\frac{1}{0.02}\text{ Hz}=50\text{ Hz}$$

交变电压的有效值为

$$U=\frac{U_m}{\sqrt{2}}=\frac{100}{\sqrt{2}}\text{ V}=50\sqrt{2}\text{ V}$$

【例题 2】已知某交流电的电动势瞬时值表达式 $e=220\sin 100\pi t$ V，求感应电动势的最大值及该交流电的周期。

解：对照交变电流的电动势瞬时值表达式 $e=E_m\sin\omega t$，可知感应电动势的最大值为 220 V；线圈在匀强磁场匀速转动的角速度 $\omega=100\pi\ s^{-1}$，根据角速度和周期的关系 $\omega=\frac{2\pi}{T}$ 可得该交流电的周期为

$$T=\frac{2\pi}{\omega}=\frac{2\pi}{100\pi}\text{ s}=0.02\text{ s}$$

练习二

1. 在交变电流中，电流在__________内完成周期性变化的次数叫作频率，单位是__________。

2. 一正弦交变电流的电流 i 随时间 t 变化的规律如图 5-6 所示。由图可知：

(1) 该交变电流的峰值为__________ A；

(2) 该交变电流的有效值为__________ A;

(3) 该交变电流的周期为__________ s;

(4) 该交变电流的频率为__________ Hz;

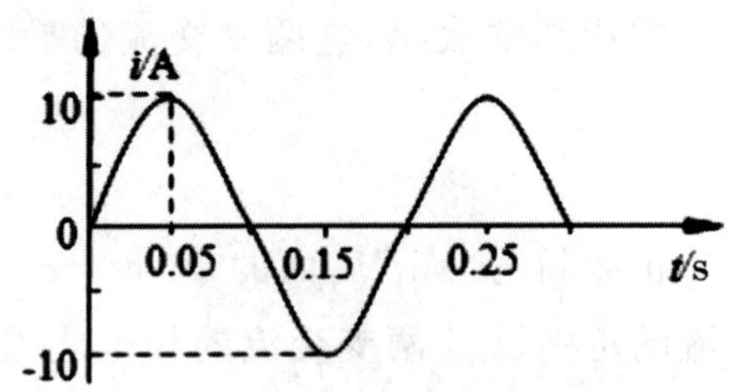

图 5-6

3. 我国照明用的正弦交变电流的电压峰值是 $220\sqrt{2}$ V,由此可知其有效值为__________ V。

4. 在相同的时间内,某正弦交流电通过一阻值为 100 Ω 的电阻产生的热量,与一电流强度为 3 A的直流电通过同一阻值的电阻产生的热量相等,则(　　)。

A. 此交流电的电流强度的有效值为 3 A,最大值为 $3\sqrt{2}$ A

B. 此交流电的电流强度的有效值为 $3\sqrt{2}$ A,最大值为 6 A

C. 电阻两端的交流电电压的有效值为 $150\sqrt{2}$ V,最大值为 300 V

D. 电阻两端的交流电电压的有效值为 $300\sqrt{2}$ V,最大值为 600 V

5. 如图 5-7 是一正弦交变式电流的电压图象。则此正弦交变式电流的频率和电压的有效值分别为(　　)。

A. 50 Hz,220 V

B. 50 Hz,$220\sqrt{2}$ V

C. 0.5 Hz,$220\sqrt{2}$ V

D. 0.5 Hz,220 V

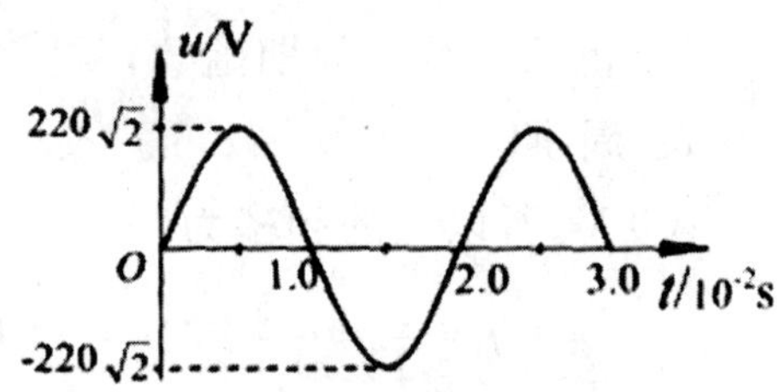

图 5-7

6. 关于正弦交变电流的有效值,下列说法不正确的是(　　)。

A. 有效值就是交流在一个周期内的平均值

B. 交流的有效值是根据电流的热效应来定义的

C. 在交流电路中,交流电流表和交流电压表的示数表示的都是有效值

D. 对于正弦交变电流,最大值是有效值的$\sqrt{2}$倍

7. 某交流电的电动势瞬时值表达式 $e=220\sin 10\pi t$ V,关于该交流电和发电机的线圈,下列说法正确的是(　　)。

A. 该交流电的频率为 10 Hz

B. 当 $t=0$ 时,线圈平面与磁感线平行;

C. 当 $t=\frac{1}{20}$ s 时,e 有最大值

D. 电动势的有效值为 220 V

8. 下面提到的交变电流的数字,哪些不是指的有效值(　　)。

A. 交流电压表的读数　　B. 保险丝的熔断电流

C. 电容器的击穿电压　　D. 380 V 动力电压中的“380 V”

9. 某正弦式交流电电压的最大值是 310 V,用交流电压表测量该交流电的电压,电压表的示数最接近(　　)。

A. 310 V　　B. 220 V　　C. 380 V　　D. 155 V

10. 有 A、B、C 三条导线，它们与大地之间的电压随时间变化规律如图 5-8 所示。这三个电压中，哪两个的峰值相同？哪两个的相位相同？它们的周期有什么关系？

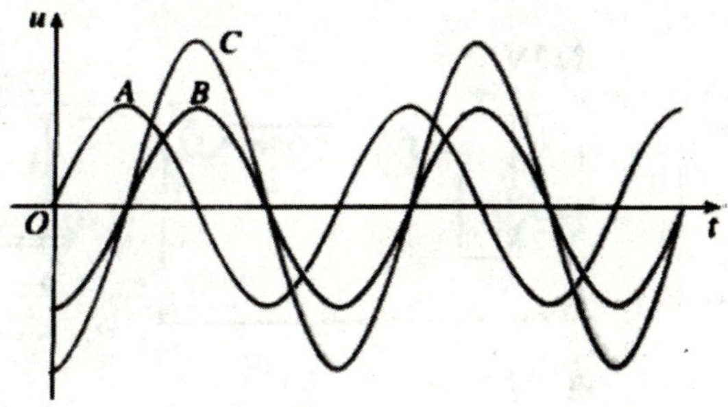

图 5-8

§ 5. 3　电感和电容对交变电流的影响

电阻、电感线圈和电容器是电子电路中常用的元件。这三种元件在直流电路和交流电路中的作用相同吗？这节课我们就来研究这个问题。

电阻对直流电和交流电的作用　直流电和交流电都可以通过电阻，电阻对它们的阻碍作用相同吗？

把电阻 R 和灯泡串联起来，利用双刀双掷开关把它分别接到电压相同的直流电源和交流电源上，如图 5-9 所示，观察灯泡的亮度有无差异？从而判断电阻对直流电和交流电的作用是否相同？

实验表明，当灯泡和电阻串联时，接在电压相同的直流电源和交流电源上，灯泡的亮度相同。这就是说，**电阻对直流电和交流电的阻碍作用是相同的。**

电感线圈对直流电和交流电的作用　直流电和交流电也都可以通过电感线圈。电感线圈对它们阻碍作用相同吗？

把电感线圈 L 和灯泡串联起来，利用双刀双掷开关把它分别接到电压相同的直流电源和交流电源上，如图 5-10 所示，观察电路分别接在直流和交流电源上时，灯泡的亮度是否相同？从而判断电感线圈对直流电和交流电的作用是否相同？

实验表明，当灯泡和电感线圈串联时，灯泡接在直流电源上时比较亮，而接在电压相同的交流电源上时比较暗。这就是说，电感线圈对直流电几乎没有阻碍作用；对交流电有明显的阻碍作用。

电感线圈的这种作用，通常也叫作“通直流，阻交流”。

电感线圈对交流电的阻碍作用，叫作**感抗。**感抗的大小跟线圈的自感系数有关，也跟交流电的频率有关。实验和理论分析都表明，线圈的自感系数越大、交流电的频率越高，线圈的感抗就越大，那么电感对交流电的阻碍作用也就越大。

综上所述，电感线圈对高频率的交变电流有较大的阻碍作用，对低频率的交变电流的阻碍作用较小，对直流电的阻碍作用更小，因此可以用“通直流，通低频，阻高频”来描述电感线圈在电路中的作用。

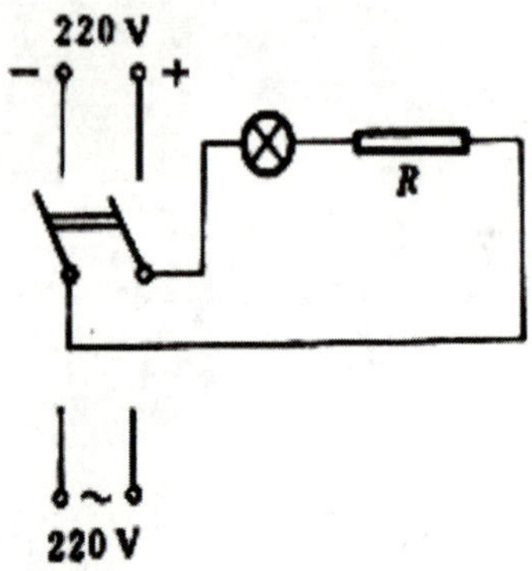

图 5-9　电阻对直流电和交流电的作用

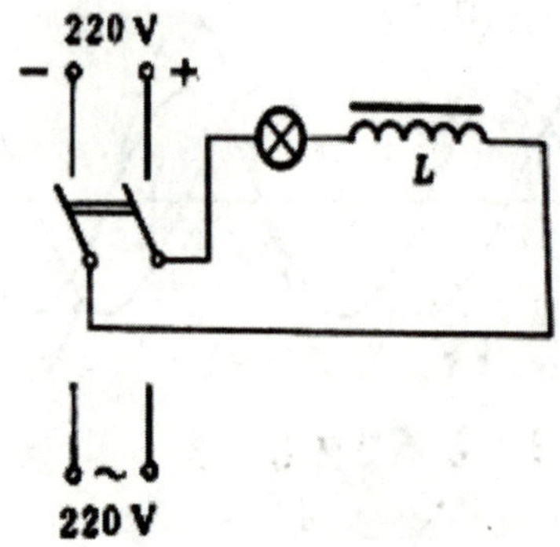

图 5-10　电感线圈对直流电和交流电的作用

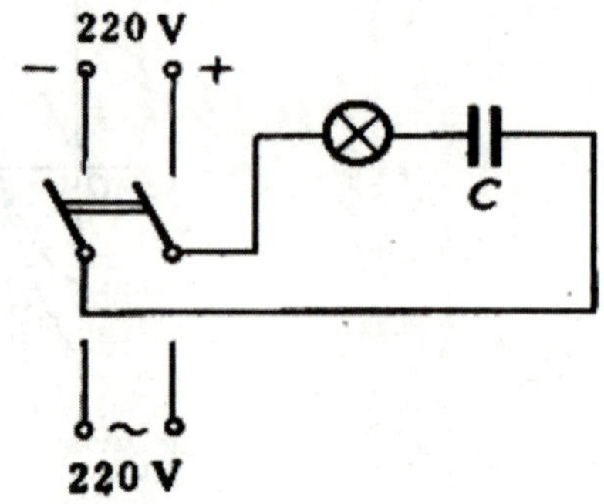

图 5-11　电容器对直流电和交流电的作用

电容器对直流电和交流电的作用　如果我们把一个电容器接在一个电路里，那么它会对电路起到什么作用呢？

把电容器 C 和灯泡串联起来，利用双刀双掷开关把它分别接到电压相同的直流电源和交流电源上，如图 5-11 所示，观察电路分别接在直流和交流电源上时，灯泡是否会亮？从而判断电容器对直流电和交流电的作用是否相同？

实验表明，当灯泡和电容串联时，接在直流电源上灯泡不亮，而接在交流电源上灯泡就亮了。这就是说，**直流电不能通过电容器，交流电能通过电容器。**

直流电不能通过电容器，这是容易理解的，因为电容器的两个极板被绝缘介质隔开了。那么，交流是如何“通过”电容器的呢？实际上，当电容器接到交流电源的两端时，自由电荷也没有通过两极板间的绝缘介质，不过，瞬时电压在不断变化，当电压升高时，电容器充电，电荷向电容器的极板上聚集，形成充电电流；当电压降低时，电容器放电，电荷从极板上退出，形成放电电流，如图 5-12 所示。电源加在两极板上电压的大小和正负在不断变化，电容器交替进行充电和放电，电路中就有了电流，这就相当于交流电“通过”了电容器。电容器的这种作用，通常叫作“隔直流，通交流”。

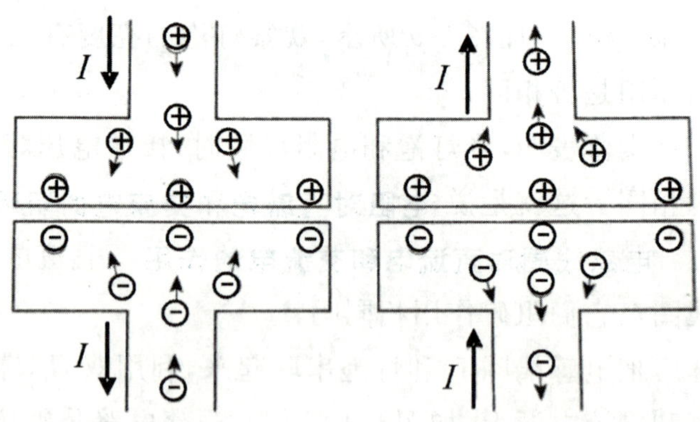

甲　充电　　　　乙　放电

图 5-12　电容器充电和放电示意图

在图 5-11 的实验中，如果把电容器从电路中取下来，使灯泡直接与交流电源相连，灯泡要比接有电容器时更亮。这表明电容器对交流电也有阻碍作用。

电容器对交流的阻碍作用，叫作 **容抗**。容抗的大小跟电容器的电容有关，也跟交流的频率有关。实验和理论分析都表明，电容器的电容越大、交流电的频率越高，电容器的容抗就越小，那么电容对交流电的阻碍作用也就越小。

因此可以用“**隔直流，阻低频，通高频**”来描述电容器在电路中的作用。

练习三

1. 电感器对电流的阻碍作用是：通__________，阻__________；电容器对电流的阻碍作用是：隔__________，通__________（选填“直流”或“交流”）。

2. 电感线圈对交流电的阻碍作用，叫作________。感抗的大小跟线圈的________有关，也跟交变电流的________有关。实验和理论分析都表明，线圈的自感系数越大、交流电的频率越高，线圈的感抗就越大，那么电感对交流电的阻碍作用也就越大。

3. 电容器对交流电的阻碍作用，叫作________。容抗的大小跟电容器的________有关，也跟交变电流的________有关。实验和理论分析都表明，电容器的电容越大、交流电的频率越高，电容器的容抗就越小，那么电容对交流电的阻碍作用也就越小。

4. 在正常情况下，电容器中的电介质是不能使电流通过的。交流电能通过电容器，是由于电容器交替进行__________和__________，电路中就有了电流，这就相当于交流电“通过”了电容器。

5. 电容器在电子技术中有重要的应用是因为它能够(　　)。

A. 通直流、隔交流　　B. 通交流、隔直流

C. 既通直流又通交流　　D. 既隔直流又隔交流

6. 交流电源供电的线路如图 5-13 所示，如果交变电流的频率增大，则(　　)。

A. 线圈的感抗增大　　B. 线圈的自感系数增大

C. 电路中的电流增大　　D. 电路中的电流不变

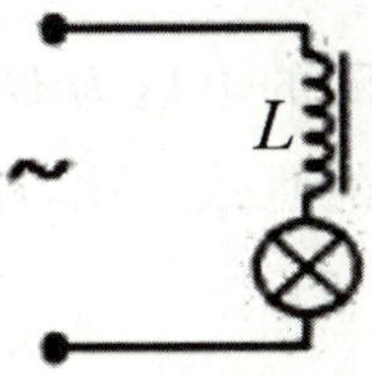

图 5-13

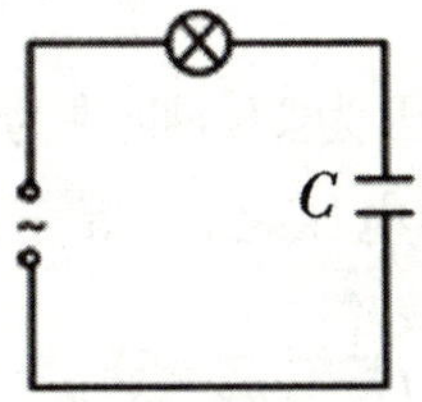

图 5-14

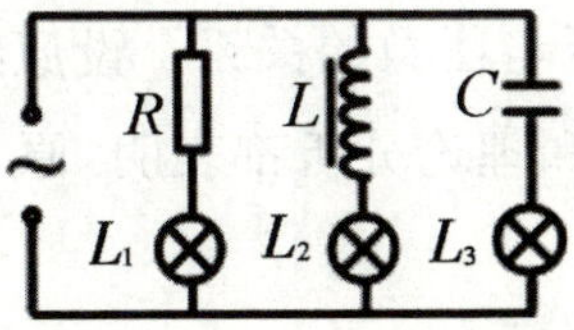

图 5-15

7. 如图 5-14 所示，白炽灯和电容器串联后接在交变电源的两端，当交变电源的频率减小时(　　)。

A. 电容器电容增加　　B. 电容器电容减小

C. 电灯变暗　　D. 电灯变亮

8. 如图 5-15 所示，电路中完全相同的三个灯泡 L_1、L_2、L_3 分别与电阻 R、电感 L、电容 C 串联，然后再并联到“220 V　50 Hz”的交流电路上，三只灯泡的亮度相同。若保持交变电压不变，将交变电流的频率增大到 60 Hz，则发生的现象(　　)。

A. 三灯亮度不变　　B. 三灯均变亮

C. L_1 亮度不变、L_2 变亮、L_3 变暗　　D. L_1 亮度不变、L_2 变暗、L_3 变亮

§5.4 变 压 器

当交流电源提供的电压与用电器需要的电压不一致时，可以用变压器来改变电压。变压器广泛地使用在生产和生活中，在路边、家庭以及学校里时常可以见到变压器。这一节，我们就来学习有关变压器的一些知识。

变压器的原理　图 5-16 是变压器的示意图。变压器是由闭合铁芯和绕在铁芯上的两个线圈组成的。一个线圈与交流电源连接，叫作**原线圈**，也叫**初级线圈**；另一个线圈跟负载连接，叫作**副线圈**，也叫**次级线圈**。两个线圈都是用绝缘导线绕制而成的，铁芯是由涂有绝缘漆的硅钢片叠合而成的。

互感现象是变压器工作的基础。电流通过原线圈时在铁芯中激发磁场，由于电流的大小、方向在不断变化，铁芯中的磁场也在不断变化。变化的磁场在副线圈中产生感应电动势，所以尽管两个线圈之间没有导线相连，副线圈也能够输出电流。

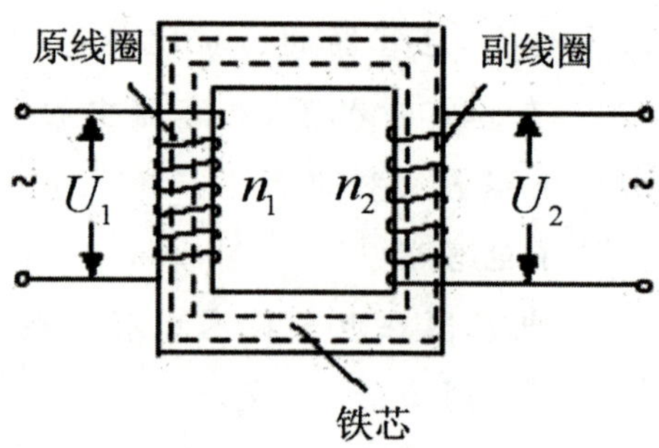

图 5-16　变压器的示意图

当原线圈中通过的是恒定电流时，由于电流的大小、方向都不变，铁芯中的磁场也不变，所以副线圈中就不会产生感应电流，所以变压器不能够改变恒定电流的电压。

在输入电压一定时，原线圈、副线圈取不同的匝数，副线圈输出的电压也不一样，变压器由此得名。

电压与匝数的关系　设原线圈的电压为 U_1，匝数为 n_1，副线圈的电压为 U_2，匝数为 n_2，实验和理论分析都表明，原、副线圈的电压之比，等于两个线圈的匝数之比，即

$$\frac{U_1}{U_2}=\frac{n_1}{n_2} \tag{1}$$

电流通过变压器线圈时会发热，铁芯在交变磁场的作用下也会发热，此外，交变电流产生的磁场也不可能完全局限在铁芯内，所以，变压器工作时有能量损失。没有能量损失的变压器叫作**理想变压器**。(1)式只适用于理想变压器，但是，实际上变压器的效率是比较高的，特别是电力设备中的巨大变压器，在满负荷工作时效率可以达到 95%以上，所以，在中学物理的计算中(1)式是可以使用的。

当 $n_2>n_1$ 时，$U_2>U_1$，变压器使电压升高，这种变压器叫作**升压变压器**。当 $n_2<n_1$ 时，$U_2<U_1$，变压器使电压降低，这种变压器叫作**降压变压器**。

变压器原、副线圈的电流 I_1、I_2 之间又有什么关系呢？对于理想变压器，我们可以认为从原线圈输入的电功率 I_1U_1 等于从副线圈输出的电功率 I_2U_2，即

$$I_1U_1=I_2U_2 \tag{2}$$

把(1)式代入(2)式可得

$$\frac{I_1}{I_2}=\frac{n_2}{n_1} \qquad (3)$$

可见,变压器工作时,原线圈和副线圈中的电流跟它们的匝数成反比。变压器的高压线圈匝数多而通过的电流小,可用较细的导线绕制;低压线圈匝数少而通过的电流大,应当用较粗的导线绕制。

练习四

1. 变压器________(选填"能"或"不能")改变恒定电流的电压。

2. 如图 5-17 所示,某变压器有两个线圈,如果把它当作降压变压器,则线圈________接电源,原副线圈两端电压之比是________;把它当作升压变压器,则线圈________接电源,原、副线圈两端电压之比是________。

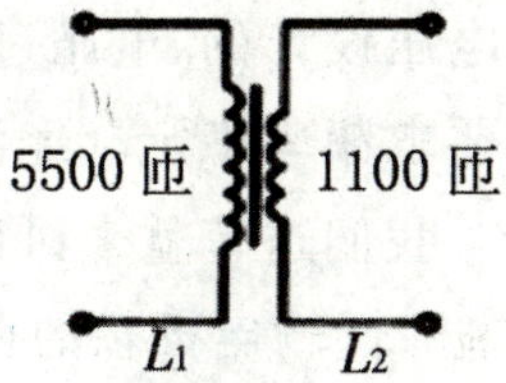

图 5-17

3. 一个理想变压器,已知变压器原、副线圈的匝数比为 6∶1,那么要使一个"12 V 100 W"的小灯泡正常工作,需要在原线圈中通入电压为________V 的交流电。

4. 变压器是一种重要的电器设备,对变压器的认识正确的是( )。

   A. 变压器既能改变交流电压,又能改变直流电压

   B. 变压器既可用于提升电压,又可用于降低电压

   C. 变压器工作时,副线圈中的电流总是大于原线圈中的电流

   D. 变压器工作时,副线圈中的电流总是小于原线圈中的电流

5. 利用变压器不可能做到的是( )。

   A. 增大电流　　　　B. 升高电压

   C. 减小电压　　　　D. 增大功率

6. 一个理想变压器,原线圈和副线圈的匝数分别为 n_1 和 n_2;正常工作时输入和输出的电压、电流、功率分别为 U_1 和 U_2、I_1 和 I_2、P_1 和 P_2。已知 $n_1>n_2$,则( )。

   A. $U_1>U_2$,$P_1<P_2$　　　　B. $P_1=P_2$,$I_1<I_2$

   C. $I_1>I_2$,$U_1>U_2$　　　　D. $P_1>P_2$,$I_1>I_2$

7. 有些机床为了安全,照明电灯用的电压是 36 V,这个电压是把 380 V 的电压降压后得到的。如果变压器的原线圈是 1140 匝,那么副线圈是多少匝?

8. 当变压器的一个线圈匝数已知时,可以用下面的方法测量其他线圈的匝数:把被测线圈作为原线圈,用匝数已知的线圈作为副线圈,通入电流,测出两线圈电压,就可以求出被测线圈的匝数。已知副线圈有 400 匝,把原线圈接到 220 V 的线路中,测得副线圈的电压是 55 V,求原线圈的匝数。

9. 变压器线圈中的电流越大,所用导线就应当越粗。街头见到的变压器是降压变压器,假设它只有一个原线圈和一个副线圈,哪个线圈应该使用较粗的导线?为什么?

§5.5　电能的输送

为了合理地利用自然资源，水电站要建在水库大坝上，以煤为燃料的火电站最好建在煤矿附近。但是用电的地方可能距离很远，因此常常要把电能输送到远方。用导线把电源和用电设备连起来，就可以输送电能了，这是电能的一个突出优点。

输送电能的基本要求是可靠、保质、经济。可靠，是指保证供电线路可靠地工作，少有故障。保质，就是保证电能的质量，即电压和频率稳定。各种用电设备都是按照一定的工作电压设计的，电压过低或过高，用电器都不能正常工作，甚至损坏。使用交流的用电器还要求频率稳定。经济，则是指输电线路建造和运行的费用低，电能损耗少。

我们这节就来讨论怎样在输电过程中减少电能的损耗。

降低输电损耗的两个途径　设输电电流为 I，输电线的电阻为 r，则输电线上的功率损耗为 $P=I^2r$。据此，可以有两个途径来减少输电损失。

一个途径是减小输电线的电阻。在输电距离一定的情况下，为了减小电阻，应当选用电阻率小的金属材料，例如，用铜、铝来制造输电线。此外，还要尽可能增加导线的横截面积。但是，导线横截面积的增加是有一定限度的，过粗的导线会耗费太多的金属材料，而且输电线太重、太粗也会给铺设工作带来困难。

另一个途径是减小输电导线中的电流。远距离输电时，为了减小输电电流，同时又要保证向用户提供一定的电功率，就要提高输电电压。例如，一台 1000 kW 的发电机，用电阻为 10 Ω 的输电线向外输送电能时，如果输出电压为 5 kV，则由 $P=UI$ 可知，输电线中的电流 $I=200$ A，输电线上因发热所消耗的功率 $P=I^2r=200^2\times10$ W $=400$ kW，占输送电能的 40%。如果输出电压为 50 kV，输电线中的电流 $I=20$ A，输电线上因发热所消耗的功率 $P=I^2r=20^2\times10$ W $=4$ kW，占输送电能的 0.4%。可见，输送一定的电功率，输出电压越高，输电线中的电流越小，导线因发热而损失的电能也越少。

输电电压是不是越高越好呢？不是的，电压越高，对输电线路绝缘性能的要求就越高，线路修建费用就会增多。输电电压越高，变压器上的电压也越高，对变压器的要求也相应提高。实际输送电能时，要综合考虑各种因素，如输送功率的大小、距离的远近、技术和经济要求等，依照不同的情况选择合适的输电电压。目前，我国远距离输电采用的电压有 110 kV、220 kV、330 kV，输电干线采用 500 kV 的超高压，西北电网的电压甚至达到 750 kV。

电网供电　一般发电机组输出的电压在 10 kV 左右，不符合远距离输电的要求，因此，要在发电站内用升压变压器，升到几百千伏后再向远距离送电。到达数百千米甚至数千千米之外的用电区之后，先在“一次高压变电站”降到 100 kV 左右，在更接近用户的地点再由“二次变电站”降到 10 kV 左右。然后，一部分电能送往大量用电的工业用户，另一部分经过低压变电站降到 220 V/380 V，送给其他用户。

现在世界各国都不采用一个电厂与一批用户的“一对一”的供电方式，而是通过网状的输电线、变电站，将许多电厂和广大用户连接起来，形成全国性或地区性的输电网络，这就是**电网**。

采用电网送电，是输电技术的重要发展。这样可以在一次能源产地使用大容量的发电机组，降低一次能源的运输成本，获得最大的经济效益。电网可以减小断电的风险，调剂不同地区电力供需的平衡，保障供电的质量。使用电网，可以根据火电、水电、核电的特点，合理地调度电力，这就使得电气化社会的主要能源——电力的供应更加可靠，质量更高。

练习五

1. 远距离输电时，要减少输电线上电能的损耗，根据 $P=$__________，可以有两个途径：一是减小输电线的__________，二是减小输送的电流。在输送功率一定时，要减小输送的电流，就必须提高送电的__________。

2. 远距离输电时，在输电电流一定的情况下，如果线路的电阻减为原来的一半，那么，线路上损失的功率减为原来的__________，在线路电阻一定的情况下，如果输电电流减为原来的一半，那么，线路上损失的功率减为原来的__________。

3. 远距离输电都采用高压输电的方式，其主要优点是(　　)。

A. 可增大输电电流

B. 可加快输电速度

C. 可减少输电线上的能量损失

D. 可防止不法分子窃电

4. 输电线的电阻为 r，输送的电功率为 P，用电压 U 送电，则用户得到的功率为(　　)。

A. P　　B. $P-\dfrac{P^2 r}{U^2}$　　C. $P-U^2 r$　　D. $\dfrac{P^2}{U^2}r$

5. 为减小远距离输电线上的电能的损失，切实可行且最有效的方法是(　　)。

A. 降低输电电压　　B. 减小输电线横截面积

C. 减小距离　　D. 高压输电

6. 远距离输送一定功率的交变电流，若输送电压升高为原来的 n 倍，关于输电线上由电阻造成的电压损失和功率损失的说法中，正确的是(　　)。

A. 输电线上的电功率损失是原来的 $1/n$

B. 输电线上的电功率损失是原来的 $1/n^2$

C. 输电线上的电压损失是原来的 $1/n^2$

D. 输电线上的电压损失是原来的 n 倍

本章知识小结

1. 交流电 大小和方向都随时间作周期性变化的电流，叫作交变电流，简称交流电。线圈在匀强磁场中绕垂直于磁场方向的轴匀速转动时，把线圈接入外电路，就可产生交变电流。

2. 正弦式电流 按正弦规律变化的交流电，叫作正弦式交变电流，简称正弦式电流。

正弦式电流是最简单又最基本的交变电流。电力系统中应用的大多是正弦式电流。

正弦式交变电流的电动势、电压、电流随时间的变化关系为

$$e=E_m\sin\omega t$$

$$u=U_m\sin\omega t$$

$$i=I_m\sin\omega t$$

式中的 e、u、i 是交变电动势、电压、电流的瞬时值，E_m、U_m、I_m 是电动势、电压、电流的峰值。

3. 描述交变电流的物理量 交变电流每完成一个周期性变化所用的时间叫作**周期**，用 T 表示，单位是秒。

交变电流在 1 s 内完成周期性变化的次数叫作它的**频率**，用 f 表示，单位是**赫兹**，简称**赫**，符号是 Hz。周期和频率的关系是

$$T=\frac{1}{f} \quad 或 \quad f=\frac{1}{T}$$

交变电流在一个周期内所能达到的最大值叫交变电流的**峰值**。交变电流的电动势、电压、电流的峰值分别用 E_m、U_m、I_m 表示。

如果使交流和直流分别通过相同阻值的电阻，并且在相同时间里产生的热量相等，这个直流的电压、电流值，就是交流的电压、电流的**有效值**。交变电流的电动势、电压、电流的有效值分别用 E、U、I 表示。交变电流的有效值与峰值之间有如下关系

$$E=\frac{E_m}{\sqrt{2}}\approx0.707E_m$$

$$U=\frac{U_m}{\sqrt{2}}\approx0.707U_m$$

$$I=\frac{I_m}{\sqrt{2}}\approx0.707I_m$$

4. 电阻、电感线圈、电容对直流电和交流电的作用 电阻对直流电和交流电的阻碍作用是相同的。

电感线圈对直流没有阻碍作用，对交流有阻碍作用。电感线圈对交流的阻碍作用叫作**感抗**。线圈的自感系数越大、交流电的频率越高，线圈的感抗就越大，那么电感线圈对交流电的阻碍作用也就越大。

可以用“通直流，通低频，阻高频”来描述电感线圈在电路中的作用。

直流电不能通过电容器。同时电容器对交流也有阻碍作用。电容器对交流的阻碍作用叫作**容抗**。电容器的电容越大、交流的频率越高，电容器的容抗就越小，那么电容对交流的阻碍作用也就越小。

可以用“隔直流，阻低频，通高频”来描述电容器在电路中的作用。

5. 变压器　变压器是能够改变电压的装置。它是由闭合铁芯和绕在铁芯上的两个线圈组成的。一个线圈与交流电源连接，叫作**原线圈**，也叫**初级线圈**；另一个线圈跟负载连接，叫作**副线圈**，也叫**次级线圈**。

对于理想变压器，原副线圈两端的电压之比等于这两个线圈的匝数之比，即

$$\frac{U_1}{U_2}=\frac{n_1}{n_2}$$

当 $n_2>n_1$ 时，$U_2>U_1$，变压器使电压升高，这种变压器叫作升压变压器。当 $n_2<n_1$ 时，$U_2<U_1$，变压器使电压降低，这种变压器叫作**降压变压器**。

对于理想变压器，原线圈和副线圈中的电流近似地跟它们的匝数成反比，即

$$\frac{I_1}{I_2}=\frac{n_2}{n_1}$$

6. 电能的输送　设输电电流为 I，输电线的电阻为 r，则输电线上的功率损耗为 $P=I^2r$。据此，可以有两个途径来减少输电损耗。

一个途径是减小输电线的电阻。在输电距离一定的情况下，为了减小电阻，应当选用电阻率小的金属材料，例如，用铜、铝来制造输电线。此外，还要尽可能增加导线的横截面积。

另一个途径是减小输电导线中的电流。远距离输电时，为了减小输电电流，同时又要保证向用户提供一定的电功率，就要提高输电电压。这是远距离输电的最优选择。

阅读园地

我国输变电新技术

——中国电力网

科学技术，是引发社会变革的第一生产力。技术领航未来之路，也是亘古不变的道理。在我国日新月异的电网建设大潮中，谁掌握了最新的技术动态，把握了技术发展方向，谁就赢得了未来。目前国家电网公司正在或即将应用的5种输变电新技术，非常值得关注。

首先是**特高压直流输电技术**。根据国家电网公司规划，到2015年将建成7回特高压直流线路，2020年则要建成多达27回特高压直流工程。2012年，建设完成了向上线、锦屏苏南、哈密南郑州、溪洛渡浙西特高压直流工程，2013年建设完成了宁东浙江、锡盟泰州、蒙西湖北三条线路。

在这方面，国家电网公司正在开发±1 100 kV直流输电技术，将采用大截面、八分裂导线，最终希望±1 100 kV线路输送能力达到1 300万kW千瓦以上，±800 kV线路输送能力达到1 000万kW。目前第二回锦屏苏南线输送容量是720万kW。

第二是**柔性直流输电技术**。据悉，国家电网公司将建设大连跨海柔性直流输电示范工程以及舟山多端柔性直流输电示范工程。前者以提高大连南部电网供电可靠性为目的，工程输送功率为1 000 mW，电压为±320 kV，将采用67.2 km电缆，其中海缆54 km，陆缆13.2 km；后者主要为了解决海上风

电并网等需求，在舟山本岛、岱山岛、衢山岛、泗礁岛及洋山岛建设五端跨海柔性直流输电工程，工程输送功率为 1 000 mW，电压为±200 kV，将采用约 140 km 电缆，其中海缆 129 km，陆缆 11 km。

第三是**新一代智能变电站技术**。目前国家电网公司采用了 220 kV AIS 站、220 kV GIS 站、110 kV AIS 站、110 kV GIS 站四种新一代智能变电站方案。根据其制定的规划建成 220 kV 变电站两座，包括北京科技城 GIS 站、重庆 AIS 站；110 kV 变电站四座，包括北京科技城、天津、上海 GIS 站以及武汉科技城 AIS 站。今后，国家电网公司将大规模推广该项技术，计划建设 220 kV、110 kV 新一代智能变电站共 50 个，并完成 500 kV、330 kV 示范站建设。

据悉，220 kV AIS 站与此前智能变电站相比可减少约 40%的占地面积，这主要因为其对隔离开关做了大量的简化，如在 220 kV 侧采用集成式智能断路器，取消站内出线侧隔离开关；在 110 kV 侧由双母线优化为单母线分段，采用集成式智能断路器，取消站内出线、母线侧隔离开关。可见，随着此种变电站的建设增多，集成式智能断路器必将成为一个新的市场热点。

第四是**标准配送式智能变电站技术**。该技术的目的是集成应用新技术、提高智能变电站的建设效率。要实现该目的需要首先实现变电站标准化设计，即采用通用设计、通用设备，一二次设备标准化连接，可即插即用；其次是需要工厂化加工，将所有二次设备采用预制舱式组合，一二次设备实现工厂内规模生产、集成调试，建筑物采用预置结构；第三是装配式建设，即建筑物现场装配，设备基础统一尺寸和施工工艺，采用机械化施工。

第一阶段，国家电网公司建设 5 个配送式智能变电站，实现装配式配电间、主控通信室等，尽量减少现场施工，实现设备基础标准化、预制舱式二次设备、标准化预制光缆；第二阶段，计划建设 25 个站，实现装配式 GIS 配电楼、生产综合楼，二次设备即插即用，变电站控制标准化、模块化等。这一趋势，为相关产品的研发改进指明了方向。

第五是**智能交流输电线路**。该线路以先进材料、灵活调控和信息通信为支撑，综合应用状态检测、安全预警、动态增容等技术，具有安全可靠、信息融合、灵活高效、节能环保特征，将采用无人机巡线、直升机巡线、动态增容模块、监测装置、新型复合材料杆塔、节能导线、融冰装置等，为相关产品带来市场机会。国家电网公司正在计划开展这方面的工作。

复 习 题

一、选择题

1. 下图 5-18 不表示交变电流的是(　　)。

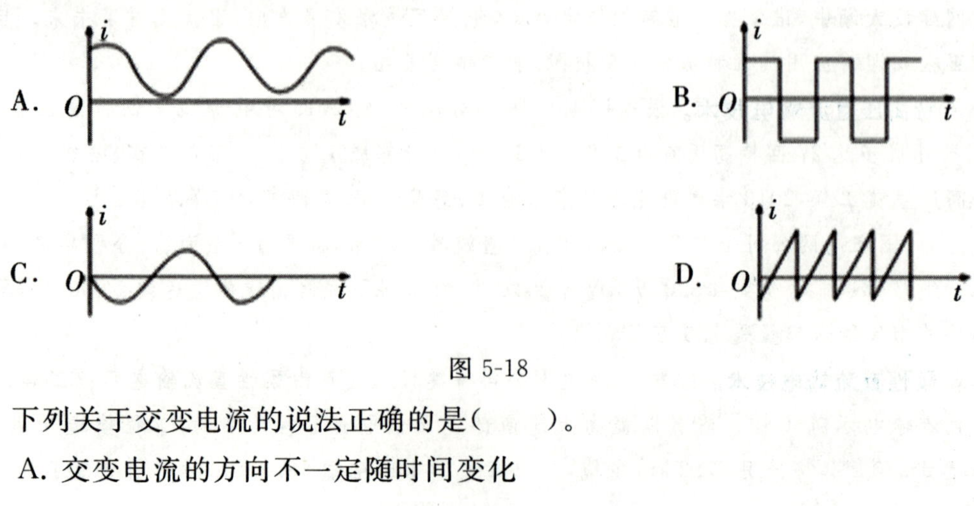

图 5-18

2. 下列关于交变电流的说法正确的是(　　)。

A. 交变电流的方向不一定随时间变化

B. 交变电流的有效值就是平均值

C. 线圈平面转到跟磁场垂直时，穿过线圈的磁通量最大，而感应电动势为零

D. 线圈平面转到跟磁场平行时，穿过线圈的磁通量为零，而感应电动势为零

3. 如图5-19是正弦交变电流的电流图象，此正弦交变电流的频率和电流的有效值分别为(　　)。

A. 10 Hz，$5\sqrt{2}$ A　　B. 10 Hz，$10\sqrt{2}$ A

C. 5 Hz，$5\sqrt{2}$ A　　D. 5 Hz，$10\sqrt{2}$ A

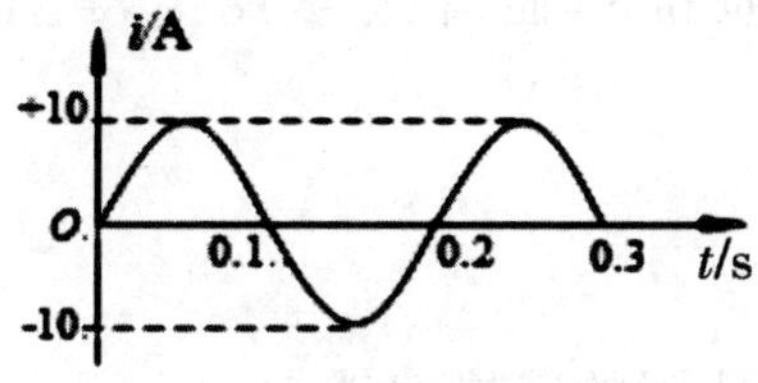

图 5-19

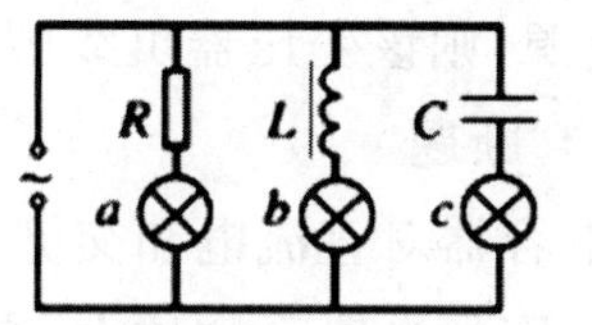

图 5-20

4. 如图5-20所示，三只完全相同的灯泡 a、b、c 分别与电阻 R、电感 L、电容 C 串联，再将三者并联，接在"220 V　50 Hz"的交变电压两端，三只灯泡亮度相同。若将交变电压改为"220 V　100 Hz"，则(　　)。

A. 三只灯泡亮度不变　　B. 三只灯泡都将变亮

C. a 亮度不变，b 变亮，c 变暗　　D. a 亮度不变，b 变暗，c 变亮

5. 理想变压器的原线圈的匝数为110匝，副线圈的匝数为660匝，若原线圈接在6 V的交流电上，则副线圈两端电压为(　　)。

A. 36 V　　B. 6 V　　C. 1 V　　D. 0 V

6. 关于电能的输送，下列说法正确的是(　　)。

A. 长距离输电通常用低压输送

B. 低压输电的目的是为了减小输电损耗

C. 高压输电的目的是为了减小输电的损耗

D. 采用高压输电后线路就没有损耗了

7. 中央电视台《焦点访谈》多次报道某些边远落后农村电价过高，农民负担过重. 其中客观原因是电网陈旧老化，近年来进行了农村电网改造。为了减少远距离输电线路上的电能损耗而降低电费价格，以下措施中最切实可行的是(　　)。

A. 提高输送功率　　B. 应用超导材料做输电线

C. 提高输电电压　　D. 减小输电导线的横截面积

二、填空题

1. 我国电网中交变电流的周期是0.02 s，则1s内电流的方向改变__________次。

2. 一个灯泡，上面写着"220 V　40 W"。当它正常工作时，通过灯丝电流的有效值是__________ A，该电流的峰值是__________ A。

3. 频率为50 Hz的正弦交变电流，它的的周期是__________ s。

4. 电感器对电流的阻碍作用是：通__________，阻__________；电容器对电流的阻碍

作用是：隔__________，通__________（选填“直流”或“交流”）。

5．电感线圈对交流的阻碍作用，叫作__________；电容器对交流的阻碍作用，叫作__________。

6．电感器和电容器均对交变电流有阻碍作用，且阻碍作用的大小与交变电流的频率有关。当交变电流的频率增大时，接在该交变电路中的电感器对交变电流的阻碍作用__________，接在该交变电路中的电容器对交变电流的阻碍作用__________。（选填“增大”、“减小”）

7．一理想变压器，原、副线圈匝数各为 1 210 匝和 33 匝．在原线圈接入电压为 220 V 的交流电源，则该变压器负线圈的输出电压为__________ V。

三、判断题

1．电容器对直流电和交流电的阻碍作用是相同的。（　　）

2．线圈的自感系数越大、交流电的频率越高，线圈的感抗就越小。（　　）

3．电容器的电容越大、交流电的频率越高，电容器的容抗就越小。（　　）

4．理想变压器的原-副线圈两端的电压之比等于这两个线圈的匝数之比。（　　）

5．理想变压器的输入功率远远大于输出功率。（　　）

6．为了减少电能在输送中的损耗，采用升高电压减小电流的方法送电。（　　）

四、计算题

1．有些机床为了安全，照明电灯用的电压是 36 V，这个电压是把 380 V 的电压降压后得到的。如果变压器的原线圈是 190 匝，则副线圈是多少匝？

2．一座小型发电站的输出功率是 20 kW，输电线路总电阻是 5 Ω。若输电电压是 400 V，输电线路损耗的功率是多少？

第 6 章 安 全 用 电

随着社会发展，人民生活水平的提高，电能在工业、农业、国防、科研和人民生活中，以及在国民经济的其它各个部门中，有着愈来愈广泛的应用，它既能大大地提高劳动生产率，改善劳动条件，又能提高人们的物质生活和文化生活水平。

但是电能在为人们带来惬意生活的同时，如果对电能控制或使用不当，就会带来灾害，这些灾害不仅给人们带来不幸和痛苦，也给国家造成经济上的重大损失，所以我们一定要注意用电安全。

本章主要学习家庭用电常识、家庭用电中电流过大的原因、安全用电及触电急救等内容。

§6.1 家庭用电常识

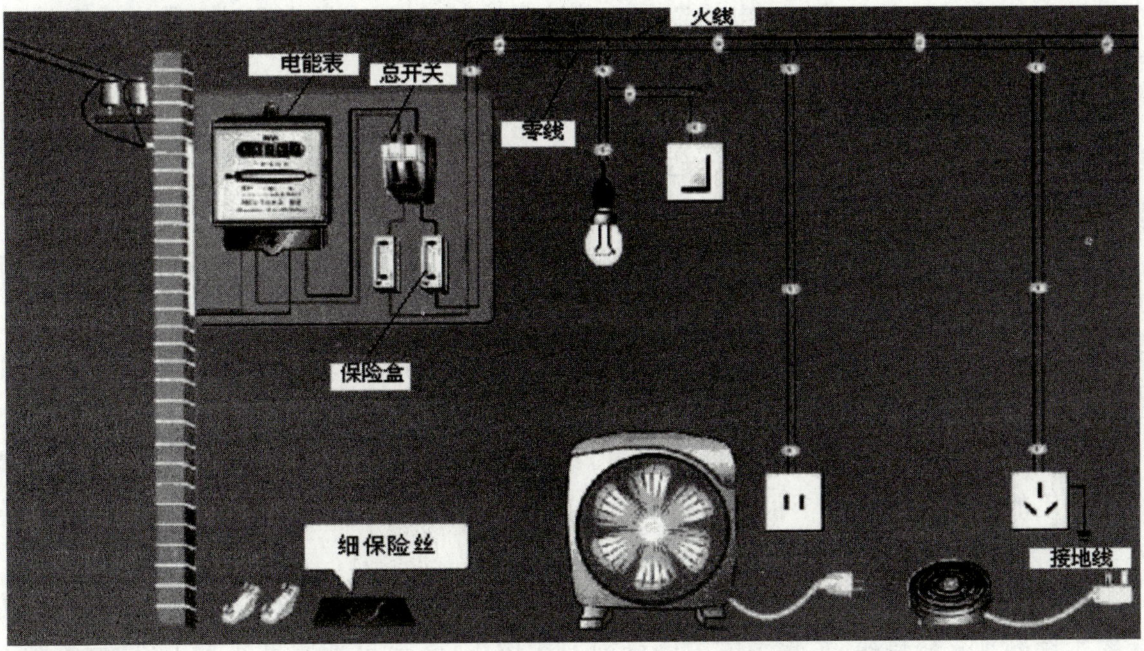

图 6-1

家庭电路的组成 家庭电路是最常见、最基本的实用电路，一般由进户线(也叫电源线)、电能表、总开关、保险设备、用电器、插座、导线、开关等组成。我们做电学实验时，通常用于电池或学生电源来提供电能，而家庭照明和家用电器所用的电能是由发电厂通过输电线和供配电系统输送来的，通过前边的学习我们知道，我国的家用供电电路的电压为220 V。

图 6-1 是简单的家庭电路示意图。输电线进户后首先接到电能表上，电能表的作用是测量用户在一定时间内消耗的电能。接着是全户用电的总开关，当家庭电路出现问题需要修理时，必须先断开总开关，这时家庭全部电路与外面的输电线分离，施工人员的安全得以保证。

总开关后面接的是保险装置。保险丝是简易保险装置，装在保险盒内，电路电流过大时，保险丝会自动熔断，切断电路，对用电器起到保护作用，并避免火灾发生。

现在新建的住宅楼电路中的保险装置一般采用空气开关，空气开关安装在电能表后。当电路中的电流过大时，空气开关自动断开，切断电路，俗称跳闸。在找出电流过大的原因并把问题解决之后，重新将空气开关闭合就可以了。

在电能表、总开关、保险装置之后就可以连接用电器了。电路中可以安装插座，家用电器可以接在插座上。

火线、零线和地线　家庭用户的输电线一般有三条，一条叫作相线，俗称火线，一条叫作零线(即三相变压器中性点)，为保证人身安全，在进入家庭用户前要可靠接地。为避免零线异常，老式住房通常在家庭用户总开关处用一根线嵌入墙体，俗称地线，新式住宅的每栋建筑均有专门地线接入大地并将此地线引入住户。

在家庭电路中，能够识别进户线中哪条是火线、哪条是零线非常重要。简单并常用的方法是用试电笔来判断。

试电笔也叫测电笔，简称“电笔”，是一种常用的电工工具，用来测试电线中是否带电。试电笔的测电范围是 60 V～500 V，有钢笔式和螺丝刀式。

钢笔式试电笔的构造如图 6-2(a)所示。试电笔有氖管，氖管中充有稀薄的氖气，两端是两个金属电极。当电极间的电压达到一定值时，氖气可以导电。当电流从一个电极通过氖气流到另一个电极时，氖气会发出红光。

使用时，手指按住笔卡(即金属笔挂，它和笔尾相连)，用笔尖接触被测的导线(手指千万不能碰到笔尖)。如果被测导线是火线，电流经过笔尖、电阻、氖管、弹簧，再经过人体、大地，流到零线，与电源构成闭合电路，氖管就会发光。如果笔尖接触的是零线，氖管中不会有电流，也就不会发光。所以，试电笔能帮助我们直接辨别火线与零线。

试电笔中的电阻起着十分重要的作用。氖管只需要很小的电流就可以发光，所以要在试电笔的电路中串联一个很大的电阻。由于电流很小，使用试电笔时尽管电流通过人体，也不会对人造成伤害，保证了人的安全。

螺丝刀式试电笔的构造如图 6-2(b)所示。使用时要用指尖抵住上端的金属帽，用刀体探头接触被测的导线(手指千万不能碰到刀体探头)。如果被测导线是火线，氖管就会发光，如果被测导线是零线，氖管不会发光。

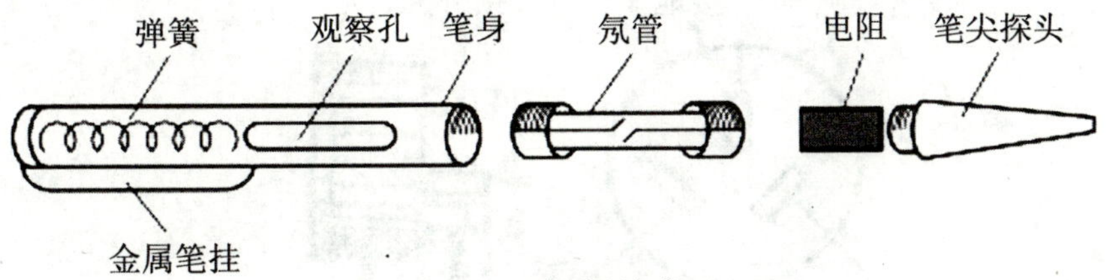

(a) 钢笔式

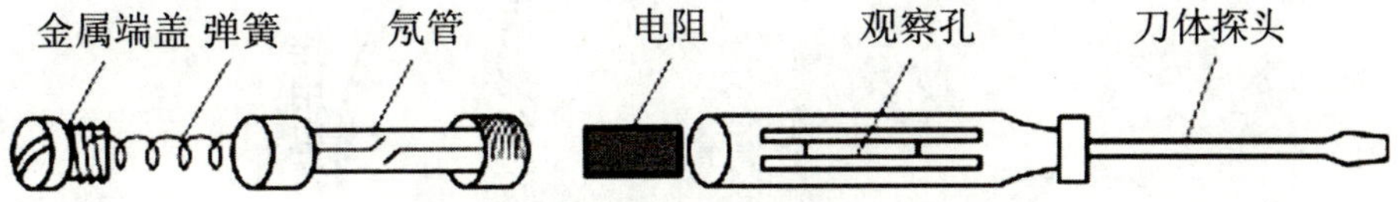

(b) 螺丝刀式

图 6-2　钢笔式试电笔和螺丝刀式试电笔的构造示意图

试电笔的使用方法如图 6-3 所示。

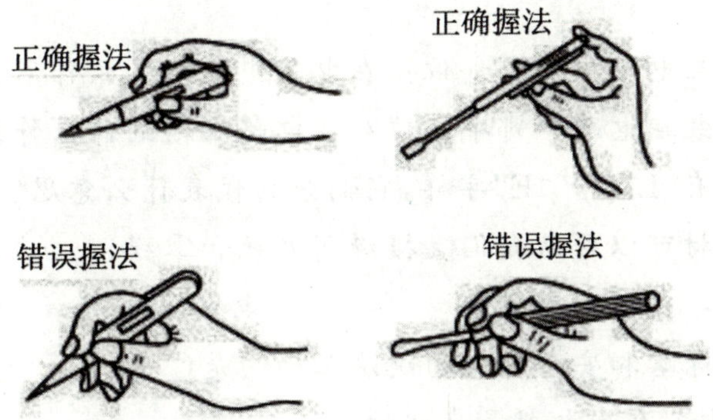

(a) 笔式握法　　(b) 螺丝刀式握法

图 6-3　试电笔的使用方法

试电笔通常也用来检查电气设备的外壳是否带电。

通常情况下，家庭电路中各个用电器的通断不应该影响其他用电器的通断，因为用电器是并联后接在电路中的。每一个开关控制一个用电器或者一个支路的用电器。控制用电器的开关应该连接在火线和用电器之间，这样开关断开后，用电器就彻底断电了。

三线插头　空调、洗衣机、电冰箱等用电器的电源插头有三条线，其中一条接火线（通常标有“L”字样），一条接零线（标着“N”），另一条是地线（标着“E”）。

插头上标着 E 的导线和用电器的金属外壳相连接，插座上相应的导线和室外的大地连接。三线插头的作用是更好的保护人们在使用外带金属壳的家用电器时的安全，即使用电器的外壳和电源火线之间的绝缘层损坏，使外壳带电，电流也会流入大地，不会对人体造成伤害，如图 6-4 所示。

漏电保护器　漏电保护器又称漏电保护开关，是一种新型的电气安全装置。在新建的楼房里，控制插座的总开关上大多装有漏电保护器。通常情况下，用电器通过火线、零线和供电系统中的电源构成闭合电路，不应该有电流流入大地，但是，如果站在大地上的人不小心接触了火线，电流通过人体流入大地，这时，总开关上的“漏电保护器”会迅速切断电流，对人身起到保护作用。

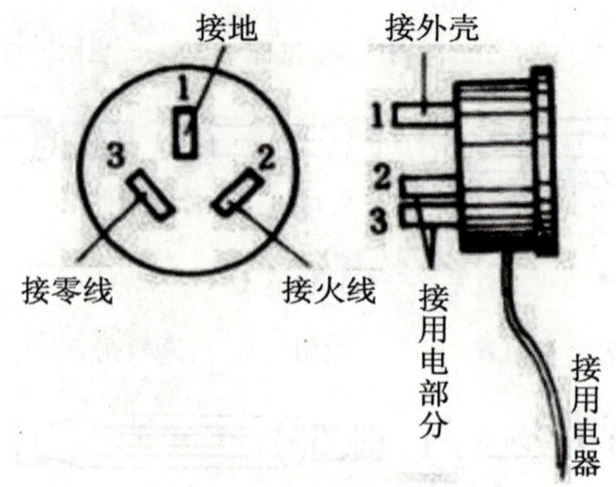

图 6-4　三线插头示意图

练习一

1. 空气开关安装在电路中哪个部位？在电路中起到什么作用？
2. 漏电保护器安装在电路中哪个部位？在电路中起到什么作用？
3. 三线插头上标有“L”“N”“E”字样，它们分别代表什么意思？
4. 下列哪一种器材可以帮助我们直接辨别火线和零线(　　)。

　A. 电流表　　B. 电能表　　C. 电容器　　D. 试电笔

5. 下列有关家庭电路和安全用电的说法正确的是(　　)。

　A. 家庭电路中各个用电器是串联的
　B. 家庭电路中各个用电器是并联的
　C. 使用试电笔时手指不可以碰到笔尾金属体
　D. 开关应该接在零线和用电器之间

6. 电热水器、洗衣机等用电设备都要用三线插头，使其外壳接地。这样做的目的是(　　)。

　A. 延长它的寿命　　B. 为了使其正常工作
　C. 为了节约电能　　D. 为了防止触电事故的发生

7. 请用笔画线表示导线，将图中的电灯、开关和插座接入家庭电路中。

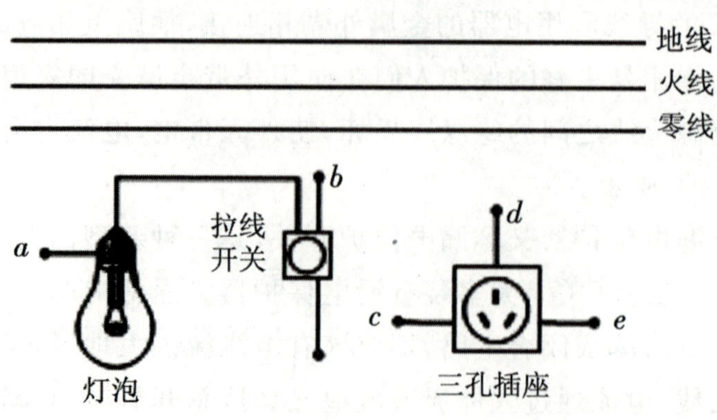

§6.2　家庭电路中电流过大的原因

随着国民经济水平的不断提升，家庭大功率用电器的数量也在不断的增加。最近几年大家会发现，炎炎夏日当我们在享受着风扇、空调带来的凉爽、惬意时，会出现风扇、空调运转速度变低甚至断电的情况，出现这种情况可能是电路中电流过大引起的。

下面我们来分析哪些情况能引起家庭电路中的电流过大。

家用电器的总功率对家庭电路的影响　根据功率和电压、电流的关系式 $P=UI$，可以得出 $I=\frac{P}{U}$。

家庭电路中的电压是一定的，$U=220\ \text{V}$，所以用电的总功率 P 越大，电路中的电流 I 就越大。

当家里要添置新的大功率用电器时，比如空调、烤箱、微波炉等，就要用上面的公式计算一下通过的电流。由于各用电器之间都是并联的，家庭用电线路上的总电流会随着用电器的增加而增大，因此，要注意一定不能让总电流超过家庭供电线路和电能表所允许的最大值。即使每个用电器的功率不算太大，如果多个用电器同时使用，它们的总功率也会很大，电路中的总电流也可能超过安全值，因此，电路中不能同时使用太多的用电器，否则容易引起线路故障，甚至发生火灾。

用电器的总功率过大是家庭电路中电流过大的原因之一。

【例题】小明的妈妈打算买一台 1 kW 的电烤箱。已知小明家原有的用电器的总功率是 5600 W，电能表上标有“220 V 10(40) A”的字样。请问：

(1) 使用这台电烤箱时，通过它的电流是多大？

(2) 从电能表使用的角度考虑，小明家的电路允许安装这样一台电烤箱吗？

分析与解答：(1) 根据功率和电压、电流的关系式 $P=UI$，可以得出 $I=\frac{P}{U}$，

家庭电路的电压是 220 V，所以通过这台电烤箱的电流

$$I_1=\frac{P_1}{U}=\frac{1\ 000\ \text{W}}{220\ \text{V}}=4.5\ \text{A}$$

(2) 增加这台电烤箱后，小明家的用电器总功率变为

$$P=5\ 600\ \text{W}+1\ 000\ \text{W}=6\ 600\ \text{W}$$

总电流为 $I=\frac{P}{U}=\frac{6\ 600\ \text{W}}{220\ \text{V}}=30\ \text{A}<40\ \text{A}$，

所以，从电能表使用的角度考虑，可以安装这样一台电烤箱。

短路对家庭电路的影响　家庭电路中电流过大的另一个原因是短路。电流不通过电器直接接通叫作短路。发生短路时，因电流过大往往引起机器损坏或火灾。家庭电路中有时会发生短路现象。例如，改装线路时不小心，使火线和零线直接连通造成短路；用电

饭煲做饭时不小心汤汁会溢出，流进电源接口，火线和零线通过汤汁直接连在一起造成了短路；用电器、电线使用年限过长，绝缘皮老化或破损，也会使火线和零线直接连通造成短路。

根据欧姆定律可知，由于导线的电阻很小，短路时电路中的电流非常大，会产生大量的热，使导线的温度急剧升高，很容易造成火灾。

保险丝的作用 保险丝，又称熔断器、熔丝，是一种连接在电路上用以保护电路的一次性元件，当电路中电流过大时，使其中的金属线或金属片产生高温而熔断，导致开路而中断电流，以保护电路或人身安全。

保险丝是用铅锡合金制成的，电阻大，熔点低。当通过它的电流过大时，它由于温度升高而熔断，切断电路，起到保护电路的作用。不同粗细的保险丝有不同的额定电流，当通过保险丝的电流小于或等于额定电流时，保险丝正常工作；当通过保险丝的电流大于额定电流，达到或超过它的熔断电流时，保险丝熔断，从而切断电路。为了用电安全，禁止用铜丝、铁丝等导线代替保险丝。

练习二

1. 家庭电路中电流过大的原因主要有两点，一是发生__________，二是同时工作的用电器的总功率__________。

2. 李刚家的电能表标有“220 V　10 A”的字样，他家同时使用的家用电器的总功率不能超过__________ W，如果超过，则保险丝会自动__________。

3. 关于家庭电路和安全用电，下列说法正确的是（　　）。

A. 家庭电路中的熔丝熔断，一定是发生了短路

B. 家庭电路中的熔丝熔断，可能是用电器的总功率过大

C. 家庭电路中的熔丝可以用铜丝代替

D. 家用电能表上的示数显示了家庭用电的总功率

4. 在家庭电路中，保险丝的作用是（　　）。

A. 防止人们触电事故的发生

B. 防止用电器连续工作时间过长

C. 防止家庭电路中电流过大，保护电路

D. 防止电路开路，造成断电

§6.3　安全用电与触电急救

各种电器的广泛使用，除了给我们的生活带来极大便利之外，同时也存在着一些安全隐患。如果不能正确使用、维护这些设备或者人们缺乏用电安全知识，很容易造成设备损

坏、火灾、人体触电等事故，给国家和人们带来无法挽回的损失。因此，掌握一些安全用电的知识和触电急救常识都是十分必要的。

安全用电常识 我们在日常的生活和工作中，每时每刻都要和电打交道，所以我们就必须了解并掌握必要的安全用电方面的知识。下面介绍几项安全用电原则。

(1) 不靠近高压带电体(室外高压线、变压器旁)，不接触低压带电体。

(2) 不用湿手扳开关，插入或拔出插头。

(3) 安装、检修电器应穿绝缘鞋，站在绝缘体上，且要切断电源。

(4) 禁止用铜丝代替保险丝，禁止用橡皮胶代替电工绝缘胶布。

(5) 在电路中安装触电保护器，并定期检验其灵敏度。

(6) 打雷下雨时，不使用收音机、录像机、电视机，且拔出电源插头，拔出电视机天线插头。暂时不使用电话，如一定要用，可用免提功能。

(7) 严禁私拉乱接电线，禁止学生在寝室使用电炉、“热得快”等电器。

(8) 不在架着电缆、电线的下面放风筝和进行球类活动。

私拉乱接电线所产生的后果 所谓私拉乱接电线，就是不按照安全用电的有关规定，随便拖拉电线，任意增加用电设备，这样做是很危险的。如南京某大学学生宿舍一位同学，为了试听录音机，在宿舍里一个损坏了的插座裸露出的两个线头上接线，导线很不规范，又从褥子底下穿过，当日下午接线处打火，烧坏褥子，引起火灾，焚毁4位同学床上的被褥、衣物、书籍和一些公物，直接经济损失700余元，就是一个典型事例。

在学生宿舍内，许多同学都买了小型充电器方便电池充电用，但个别同学充电时，随意将充电器放在床铺上，枕头上或书本上，人却离开出去了，结果充电时间过长，引起充电器过热，造成短路，产生火花，引燃床上用品，造成火灾。

以上事例，不过是个小的教训，实际生活中，引起的后果比这严重得多。例如，电线拖在地上，可能被硬的东西压破或砸伤，损坏绝缘体；在易燃易爆场所乱拉电线，缺乏防火、防爆措施；乱拉电线常常要避人耳目，工具、材料等工作条件差，装线往往不用可靠的线夹，而用铁钉钉或铁丝绑，结果磨破绝缘层，损坏电线；不看电线粗细，任意增加用电设备，超负荷用电，使电线发热等等。这些情况，多数都能造成短路、产生火花或发热起火，有的还会导致燃烧爆炸，甚至引起触电伤亡事故。

电流对人体的危害 电流对人体的伤害有两种类型，即电击和电伤。电击是电流通过人体，机体组织受到刺激，肌肉不由自主地发生痉挛性收缩造成的伤害。严重的电击是指人的心脏、肺部神经系统的正常工作受到破坏，乃到危及生命的伤害，数十毫安的工频电流即可使人遭到致命的电击。电击致伤的部位主要在人体内部，而在人体外部不会留下明显痕迹。

电伤是由电流的热效应、化学效应、机械效应等对人体造成的伤害，造成电伤的电流都比较大。电伤会在机体表面留下明显的伤痕，但其伤害作用可能深入体内。与电击相比，电伤属局部性伤害，电伤的危险程度决定于受伤面积、受伤深度、受伤部位等因素。电伤包括电烧伤、电烙印、皮肤金属化、机械损伤、电光眼等多种伤害。

触电电流 电流通过人或动物的身体造成伤害，称为触电。2 mA以下的电流通过人体时，人体仅产生麻感，对机体影响不大。8～12 mA 电流通过人体，肌肉会自动收缩，身体常常可以自动脱离电源，除感到“一击”外，对身体损害不大。但超过 20 mA 时，电流即可导致接触部位皮肤灼伤，皮下组织也可因此碳化。25 mA 以上的电流即可引起心室起纤颤、导致循环停顿而死亡。

在实践中，往往不采用安全电流，而是采用安全电压来确定安全条件。经验证明，人体的安全电压是 36 V。

触电急救的原则　进行触电急救，应坚持迅速、就地、准确、坚持的原则。触电急救必须分秒必争，立即就地迅速用心肺复苏法进行抢救，并坚持不断地进行抢救，同时及早与医疗部门联系，争取医务人员接替救治。在医务人员未接替救治前，不应放弃现场抢救，更不能只根据没有呼吸或脉搏擅自判定伤员死亡，放弃抢救，只有医生有权作出伤员死亡的诊断。

触电急救的一般过程　触电急救一般要遵循一定的程序，不要盲目地进行，不然会事倍功半，甚至可能危及施救人员的安全。

(1) 当发现有人触电时，在作好自身防护的前提下，首先要使触电者迅速脱离电源，越快越好，因为电流作用的时间越长，伤害越重。

脱离电源就是要把触电者接触的那一部分带电设备的开关、闸刀或其他断路设备断开，或设法将触电者与带电设备脱离。

触电者未脱离电源前，救护人员不准直接用手触及伤员，因为有触电的危险。

(2) 当触电者脱离电源后，应在现场就地检查其触电的轻重程度，并立即采取相关措施进行施救。

触电伤员如果神志清醒，只是手脚发麻，全身无力，应使其就地躺平，严密观察，暂时不要站立或走动。

触电伤员如果神志不清，应就地仰面躺平，且确保气道通畅，呼叫伤员或轻拍其肩部，以判定伤员是否意识丧失，禁止摇动伤员头部呼叫伤员。

需要抢救的伤员，应立即就地坚持正确抢救，并设法联系医疗部门接替救治。

练习三

1. 下列做法，可能造成触电事故的是(　　)。

　A. 使用试电笔辨别火线或零线时，手接触笔尾金属体

　B. 切断电源后，进行电路维修

　C. 家用电器失火，没有断开电源的情况下可直接用水灭火

　D. 放风筝时，远离高压电线

2. 人体发生触电的原因是(　　)。

　A. 人体能导电　　B. 人体带电太多了

　C. 通过人体的电流超过了一定值　　D. 人体接触了电池

3. 发现有人触电后，首先应采取的正确措施的(　　)。

A. 迅速把触电人拉离电源

B. 迅速去喊电工来处理

C. 迅速用剪刀剪断电线

D. 迅速用绝缘物使人脱离电源线

4. 在家庭电路里，下列哪种情况不会造成触电事故(　　)。

A. 人站在地上，一只手上接触火线

B. 人站在地上，两手同时接触火线

C. 人站在地上，两手同时接触零线

D. 人站在绝缘体上，一只手接触火线，另一只手接触零线

本章知识小结

1. 家庭电路的组成　家庭电路是最常见、最基本的实用电路，一般由进户线(也叫电源线)、电能表、总开关、保险设备、用电器、插座、导线、开关等组成。输电线进入用户后首先接在电能表上，接着是全户用电总开关，总开关后边是保险装置，保险装置之后就可以连接用电器了。

家用电器是通过并联的方式接入电路的。

2. 火线、零线和地线　家庭用户的输电线一般有三条，一条叫作相线，俗称火线，一条叫作零线，另一条是地线。

试电笔能帮助我们直接辨别火线与零线。

3. 三线插头　空调、洗衣机、电冰箱等用电器的电源插头有三条线，其中一条接火线(通常标有“L”字样)，一条接零线(标着“N”)，另一条是地线(标着“E”)。三线插头的作用是更好的保护人们在使用外带金属壳的家用电器时的安全，即使用电器的外壳和电源火线之间的绝缘层损坏，使外壳带电，电流也会流入大地，不会对人体造成伤害。

4. 漏电保护器　漏电保护器又称漏电保护开关，是一种新型的电气安全装置。在新建的楼房里，控制插座的总开关上大多还装有漏电保护器。如果站在大地上的人不小心接触了火线，电流通过人体流入大地，这时，总开关上的“漏电保护器”会迅速切断电流，对人身起到保护作用。

5. 家庭电路中的电流过大的原因　用电器的总功率过大和电路短路是家庭电路中电流过大的两个主要原因。为了防止电路中电流过大对电路和人身造成危害，通常要在电路上连接保险丝，当电路上电流过大时，使其中的金属线或金属片产生高温而熔断，导致开路而中断电流。

6. 安全用电常识　常用安全用电原则：

(1) 不靠近高压带电体(室外高压线、变压器旁)，不接触低压带电体。

(2) 不用湿手扳开关，插入或拔出插头。

(3) 安装、检修电器应穿绝缘鞋，站在绝缘体上，且要切断电源。

(4) 禁止用铜丝代替保险丝，禁止用橡皮胶代替电工绝缘胶布。

(5) 在电路中安装触电保护器,并定期检验其灵敏度。

(6) 打雷下雨时,不使用收音机、录像机、电视机,且拔出电源插头,拔出电视机天线插头。暂时不使用电话,如一定要用,可用免提功能。

(7) 严禁私拉乱接电线,禁止学生在寝室使用电炉、"热得快"等电器。

(8) 不在架着电缆、电线的下面放风筝和进行球类活动。

7. 电流对人体的危害 电流对人体的伤害有两种类型,即电击和电伤。2 mA 以下的电流通过人体时,人体仅产生麻感,对机体影响不大。8～12 mA 电流通过人体,肌肉会自动收缩,身体常常可以自动脱离电源,除感到"一击"外,对身体损害不大。但超过20 mA时,电流即可导致接触部位皮肤灼伤,皮下组织也可因此碳化。25 mA 以上的电流即可引起心室起纤颤、导致循环停顿而死亡。

8. 触电急救的原则和方法 进行触电急救,应坚持迅速、就地、准确、坚持的原则。(1) 当发现有人触电时,在做好自身防护的前提下,首先要使触电者迅速脱离电源,越快越好,因为电流作用的时间越长,伤害越重。(2) 当触电者脱离电源后,应在现场就地检查其触电的轻重程度,并立即采取相关措施进行施救。需要抢救的伤员,应立即就地坚持正确抢救,并设法联系医疗部门接替救治。

阅读园地

雷电的危害与应用

自然界每年都有几百万次雷电现象出现,如图 6-5 所示。雷电灾害是"联合国国际减灾十年"公布的最严重的十种自然灾害之一。最新统计资料表明,雷电造成的损失已经上升到自然灾害的第三位。据不完全统计,我国每年因雷击以及雷击负效应造成的人员伤亡达 3 000～4 000 人,财产损失在 50 亿元到 100 亿元人民币之间。

图 6-5　雷电现象

随着科学技术的迅速发展,雷电这一自然现象也逐渐被人们了解并且加以利用。

雷电是一种无污染的能源,雷电一次放电能达 1 至 10 亿焦耳。中国成语中就有"雷霆万钧"一词(霆:劈雷,钧:古代的重量单位,合当时 30 斤)。利用这种巨大的冲击力,可以夯实松软的基地,从而为建筑工程节省大量的能源。根据高频感应加热原理,利用雷电产生的高温,可使岩石内的水分膨胀,达到破碎岩石,开采矿石之目的。

雷电能治病。每场雷雨过后,空气中的气体分子在雷电场的作用下,会分离出带负电的负氧离子。研究人员测试表明,雷雨过后,每立方厘米空气中的负氧离子可达 1 万余个,而晴天里的闹市区,负氧离子仅几十个。实验表明,被称作"空气的维生素"的负氧离子,对人体健康很有利。医疗专家模拟雷雨的神奇作用,将负氧离子引入病房,结果发现,当室内空气中的负氧离子与正离子的比例调控在 9∶1 之时,对气喘、烧伤、溃疡以及其他外伤的治疗有促进作用;可使居室内细菌、病毒减少,同时,对过敏性鼻炎、神经性皮炎、关节疼痛等病症均有一定的疗效。钓鱼的朋友有一条渔谚云:宁钓雷雨后,不钓雷雨前,也是基于这个道理。

此外,雷鸣电闪时,强烈的光化学作用,还会促使空气中的一部分氧气发生反应,生成具有漂白和杀菌作用的臭氧。伴随着雷电的上升气流,可将停滞于对流层下面的污染大气携带到10 km以上的平流层底部。

雷电可以制造氮肥。发生雷电时,大气中的闪电通道可达几千米长,温度极高,有大量的氮和氧化合成二氧化氮。生成的二氧化氮溶解于雨水中,变成浓度不高的硝酸盐,落入土壤中,成为庄稼和其他植物不可缺少的氮肥来源,是大自然对人类无偿的恩赐。

雷电可预示天气。农谚云:"东闪日头西闪雨",因中国地处西风带内,云雨大多从西边移动过来影响本地。"南闪火门开,北闪有雨来"。

雷电找矿。雷电爱打击容易导电的物体,利用这一特点,为地质勘探人员寻找金属矿床提供了线索。

复　习　题

一、选择题

1. 下列哪些情况会发生触电事故(　　)。

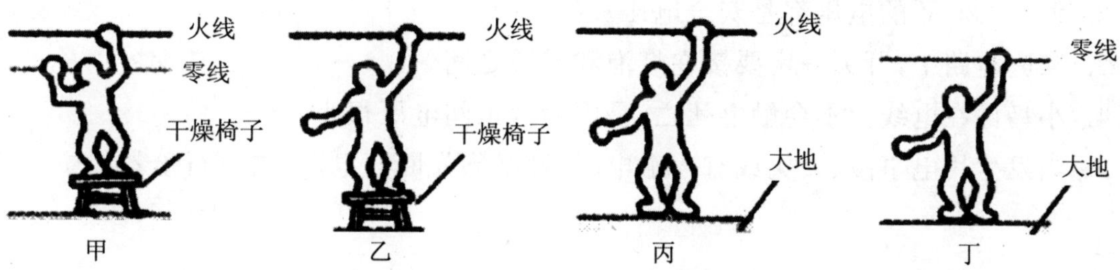

A. 甲和乙　　B. 甲和丙　　C. 乙和丁　　D. 丙和丁

2. 关于家庭安全用电,下列说法不正确的是(　　)。

A. 使用试电笔时,手不要接触金属笔尾

B. 一旦发生触电事故,应先切断电源再进行抢救

C. 电脑、电视机等用电器长时间待机,应切断电源

D. 同时使用大功率用电器前,必须先考虑电能表、保险丝等的承受能力

3. 下列做法,符合安全用电原则的是(　　)。

A. 靠近高压带电体

B. 家用电器起火时,先灭火,后切断电源

C. 家庭电路中,控制灯泡的开关装在零线上

D. 有金属外壳的家用电器使用三脚插头

4. 关于家庭电路的下列做法,不符合安全用电常识的是(　　)。

A. 发现有人触电,应首先切断电源

B. 检修电路故障时,应尽量在通电情况下作业

C. 有金属外壳的用电器,金属外壳一定要接地

D. 为了保证电路安全,家里尽量不要同时使用多个大功率电器

5. 某同学家的保险丝熔断了,其原因是(　　)。

A. 一定是用电器的额定电压过高　　B. 一定是用电器的额定功率太大

C. 一定是电路中某处断路　　D. 以上说法都不对

二、填空题

1. 经验证明，不高于__________伏的电压是安全电压，家庭电路的电压是__________伏。

2. 为了保证人身安全，安全用电的原则是不__________低压带电体，不__________高压带电体。

3. 照明电路中，开关必须接到__________线上。

4. 要辨别火线和零线应使用__________，在使用时手要接触__________，若氖管发光，说明接触的是__________线。

5. 由于人体是__________，当人体与带电体接触，并且使电流构成回路，有电流从人体通过时就造成了__________事故。

三、判断题

1. 客厅里一个开关可以控制四只灯泡，这四只灯泡一定是串联。(　　)

2. 低于 220 V 的电压都是安全电压。(　　)

3. 家庭电路中，开关一定要接在灯泡和零线之间。(　　)

4. 小鸟停在电线上不会触电死亡，是因为两爪间电压很小。(　　)

5. 当发生用电事故、火灾或有人触电时，都必须先断开电源，再进行抢救。(　　)

打造学术精品　服务教育事业

河南大学出版社

读者信息反馈表

尊敬的读者：

感谢您购买、阅读和使用河南大学出版社的____________________一书，我们希望通过这张小小的反馈表来获得您更多的建议和意见，以改进我们的工作，加强我们双方的沟通和联系。我们期待着能为您和更多的读者提供更多的好书。

请您填妥下表后，寄回或发 E-mail 给我们，对您的支持我们不胜感激！

1. 您是从何种途径得知本书的：

   □书店　□网上　□报刊　□图书馆　□朋友推荐

2. 您为什么决定购买本书：

   □工作需要　□学习参考　□对本书感兴趣　□随便翻翻

3. 您对本书内容的评价是：

   □很好　□好　□一般　□差　□很差

4. 您在阅读本书的过程中有没有发现明显的专业及编校错误？如果有，它们是：

   ____

   ____

   ____

5. 您对哪一类的图书信息比较感兴趣：____________________

   ____

6. 如果方便，请提供您的个人信息，以便于我们和您联系（您的个人资料我们将严格保密）：

   您供职的单位：____________________

   您教授的课程（老师填写）：____________________

   您的通信地址：____________________

   您的电子邮箱：____________________

请联系我们：

电话：0371－86059712　0371－86059713　0371－86059715

传真：0371－86059713

E-mail：hdgdjyfs@163.com

通信地址：河南省郑州市郑东新区 CBD 商务外环路商务西七街中华大厦 2412 室

河南大学出版社高等教育出版分社

打造学术精品 服务教育事业

河南大学出版社

读者信息反馈表